世界遗产百科图鉴

才学世界　主编：崔钟雷

吉林美术出版社 | 全国百佳图书出版单位

图书在版编目（CIP）数据

世界遗产百科图鉴／崔钟雷主编．—长春：吉林美术出版社，2010.9（2022.9重印）

（才学世界）

ISBN 978－7－5386－4692－4

Ⅰ．①世… Ⅱ．①崔… Ⅲ．①名胜古迹－世界－图集 ②自然保护区－世界－图集 Ⅳ．①K917－64 ②S759.991－64

中国版本图书馆 CIP 数据核字（2010）第 174202 号

世界遗产百科图鉴

SHIJIE YICHAN BAIKE TUJIAN

主　　编	崔钟雷
副 主 编	刘志远　芦　岩　杨亚男
出 版 人	赵国强
责任编辑	栾　云
开　　本	787mm×1092mm　1/16
字　　数	120 千字
印　　张	9
版　　次	2010 年 9 月第 1 版
印　　次	2022 年 9 月第 4 次印刷

出版发行	吉林美术出版社
地　　址	长春市净月开发区福祉大路5788号
	邮编：130118
网　　址	www.jlmspress.com
印　　刷	北京一鑫印务有限责任公司

ISBN 978－7－5386－4692－4　　　定价：38.00 元

前 言
foreword

　　人类赖以生存的家国地球是独特的，这种独特不仅在于长存于天地之间的景观，也在于它即将消逝的美丽。为了留住曾经的辉煌，人们做出了种种的努力，其中最具影响力的一项举措就是联合国教科文组织于1972年通过的《保护世界文化和自然遗产公约》，与它同时的还有联合国教科文组织世界遗产委员会的成立。它建立的终极目的就在于呼吁世界人民为合理保护和恢复全人类共同的遗产做出积极的贡献。

　　世界遗产包括文化遗产，即远古人类文明发祥地的遗址、古代风格独特的建筑、具有某种文化特征的古迹等；世界遗产也包括自然遗产，就是指险峻的高山、幽深的峡谷、神秘的森林等；还有双重遗产（文化遗产和自然遗产都具有的），比如名胜古迹与自然风光相映成趣的地方。随着联合国教科文组织的不断完善。现在世界文化遗产中又加入了"人类口头及非物质遗产"，中国的昆曲和古琴已名列其中。

　　为了满足人们对璀璨的文化以及神秘自然的探秘寻幽，编者精选了最有代表性的世界著名文化与自然遗产，通过翔实的说明资料和最具特色的图片，让每一位读者徜徉其中，身临其境。希望本书能够让您发掘到瑰丽大自然的神秘和古文明发展的轨迹，从心底对人力与自然的神工产生由衷的崇拜，并从中认识到保护世界遗产的重要性，从而真心热爱我们生存的环境。

编　者

目录

世界遗产概述

世界文化遗产评选机构与入选标准 …………………… 2
世界自然及非物质遗产简介 …………………………… 5

亚　洲

秦始皇陵兵马俑 ………………………………………… 8
北京故宫 ………………………………………………… 10
越南下龙湾 ……………………………………………… 13
吴哥窟 …………………………………………………… 15
菲律宾的巴洛克式教堂群 ……………………………… 17
巴米扬山谷 ……………………………………………… 19
泰姬陵 …………………………………………………… 21
大马士革古城 …………………………………………… 23

CONTENTS

古京都遗址 ································· 25

日光神殿与庙宇 ························ 27

美 洲

魁北克历史遗迹区 ···················· 32

独立会堂 ································· 34

自由女神像 ····························· 36

黄石国家公园 ·························· 38

历史名城墨西哥 ······················ 40

波波卡特佩特火山坡上的修道院 ··· 42

圣弗兰西斯科山脉岩画 ············· 44

卡拉科姆鲁的玛雅城 ················ 46

科潘玛雅遗址 ·························· 48

帕拉马里博古城 ······················ 50

马丘比丘古神庙 ······················ 52

拉帕努伊国家公园（复活节岛）··· 54

目录

基多古城 …………………………………… 56
孔贡哈斯的仁慈耶稣圣殿 …………………… 60
巴西利亚 …………………………………… 62
冰川国家公园 ……………………………… 64

欧 洲

伦敦塔 ……………………………………… 68
布拉格历史中心 …………………………… 72
维也纳古城 ………………………………… 74
伯尔尼古城 ………………………………… 76
梵蒂冈城 …………………………………… 78
迈锡尼和提那雅恩斯的遗址 ……………… 80
雅典卫城 …………………………………… 82
奥林匹亚考古遗迹 ………………………… 86
波茨坦的宫殿及庭院 ……………………… 90

CONTENTS

凡尔赛宫及其园赫 ······ 92
克里姆林宫和红场 ······ 94

非 洲

开罗伊斯兰教老城 ······ 100
孟菲斯及其金字塔墓地 ······ 102
拉利贝拉石凿教堂 ······ 110
拉穆古镇 ······ 114
肯尼亚山国家公园自然森林 ······ 116
乞力马扎罗国家公园 ······ 119

大洋洲

大堡礁 ······ 124
卡卡杜国家公园 ······ 126
西澳大利亚鲨鱼岛 ······ 129
汤加里罗国家公园 ······ 132
赫德岛和麦克唐纳群岛 ······ 134

世界遗产百科图鉴

世界遗产概述

百科图鉴
世界文化遗产评选机构与入选标准

世界文化遗产属于世界遗产范畴，它的全称是"世界文化和自然遗产"。1972年，联合国教科文组织在巴黎通过了《保护世界文化和自然遗产公约》，并建立了联合国教科文组织世界遗产委员会，委员会的宗旨在于加强各国和各国人民之间的合作，进而保护和重建全人类共同的文化遗产。

联合国教科文组织及其主要任务

联合国教科文组织世界遗产委员会是政府间合作组织，由21个成员国构成。委员会每年召开一次会议，会议的内容主要是决定哪些遗产可以录入《世界遗产名录》，并对已列入《世界遗产名录》的世界遗产的保护工作进行监督和指导。世界遗产委员会主席团由7名成员构成，委员会主席团每年举行两次会议。世界遗产委员会承担的主要任务有四项：

1. 在选择录入《世界遗产名录》的文化和自然遗产地区时，负有对世界遗产进行定义和解释的责任；

2. 审查世界遗产保护状况报告。当名录中的遗产没有得到恰当的处理和保护时，该委员会有权让缔约国采取特别性保护措施；

3. 经过与有关缔约国协商，该委

世界遗产委员会标志

员会可以做出决定，把濒危遗产列入《濒危世界遗产名录》；

4. 管理世界遗产基金（即保护世界文化和自然遗产基金）。对为保护遗产而申请援助的国家给予技术和财力上的援助。

世界遗产的概念和种类

世界遗产公约的标志是一个正方形和圆形组合，它代表文化遗产与自然遗产之间相互依存的关系。中央的正方形代表人类的创造，圆圈代表大自然，两者密切相连。整个外围标志呈圆形，既象征全世界，也是要进行全面保护的象征。

联合国教科文组织将世界范围内被认为具有突出和普遍价值的文物古迹和自然景观列入《世界遗产名录》

世界遗产分为：自然遗产、文化遗产、自然遗产与文化遗产混合体（即双重遗产）和文化景观以及近年才设立的非物质遗产等五类。

文化遗产：

《公约》规定，属于下列各类内容之一者，可列为文化遗产，包括文物、建筑群、遗址。其中：

文物是指从历史、艺术或科学角度看，具有突出、普遍价值的建筑物、雕刻和绘画，或者具有考古意义的成分或结构的铭文、洞穴、住区及各类文物的综合体；

建筑群是指从历史、艺术或科学角度看，由于建筑的形式、整体性及其在景观中的地位而具有突出、普遍价值的单独或相互联系的建筑群体；

遗址是指从历史、美学、人种学或人类学角度来看，具有突出、普遍价值的人造工程或人与自然的共同杰作以及考古遗址地带。

凡是提名列入《世界遗产名录》的文化遗产项目，必须符合下列一项或几项标准方可获得批准：

1. 是否代表一种独特的艺术成就，一种创造性的天才杰作；
2. 是否能在一定时期内或世界某一文化区域内，对建筑艺术、纪念物艺术、城镇规划或景观设计方面的发展产生重大影响；

3. 是否能为一种已消逝的文明或文化传统提供一种独特的至少是特殊的见证；

4. 是否可作为一种建筑物、建筑群或景观的杰出范例，昭示出人类历史上的一个（或几个）重要阶段；

5. 是否可作为传统的人类居住地或使用地的杰出范例，代表一种（或几种）文化，尤其在不可逆转的变化的影响下变得易于损坏；

6. 是否与具有特殊普遍意义的事件有直接或实质的联系，或是否与现行传统、思想、信仰、文学艺术作品有直接或实质的联系。

百科图鉴
世界自然及非物质遗产简介

在地球这颗蓝色的星球上，伫立着无数大自然造就的天然奇观。在人们的眼中，只要是那种出自非人工建筑所形成的自然奇景似乎都可以称作自然遗产。经过科学家的一致评判，世界自然遗产必须要满足相应条件方可获得认证。

《保护世界文化和自然遗产公约》给自然遗产所下的定义是指符合下列规定之一者（即分别从三个角度来总结自然遗产）：

从美学或科学角度看，具有突出、普遍价值的由地质和生物结构或这类结构群组成的自然面貌；

从科学或保护角度看，具有突出、普遍价值的地质和自然地理结构以及明确划定的濒危动植物物种的生态区；

从科学、保护或自然美角度看，具有突出、普遍价值的天然名胜或明确划定的自然地带。

列入《世界遗产名录》的自然遗产项目必须符合下列一项或几项标准才能获得批准：

1. 遗产必须构成代表地球演化史中重要阶段的突出例证；
2. 遗产必须构成代表进行中的重要地质过程、生物进化过程以及人类与自然环境相互关系的突出例证；
3. 自然遗产必须是独特、稀有或绝妙的自然现象、地貌或具有极其少见的自然美的地带；
4. 自然遗产也可以是尚存的珍稀或濒危动植物物种的栖息地。

文化景观这一概念是于1992年12月在美国圣菲召开的联合国教科文组织世界遗产委员会第十六届会议时提出并纳入《世界遗产名录》中的。文化景观是指《保护世界文化和自然遗产公约》中第一条所阐释的"自然与人类的共同作品"。文化景观的选择应根据它们自身突出、普遍的价值，还要根据文化景观明确划定的地理—文化区域的代表性及其体现此类区域的基本而具有独特文化因素的能力。文化景观通常体现持久的土地使用的现代化技术及保持或提高景观的自然价值，对文化景观的保护有助于保护生物多样性。一般来说，文化景观有以下几种类型：

由人类有意设计和建筑的景观。这些景观包括出于美学原因建造的园林和公园景观。景观经常（但并不总是）与宗教或其他纪念性建筑物或建筑群有关联。

有机进化的景观。它是为了满足最初始的一种社会、经济、行政，以及宗教的需要而产生的，并通过与周围自然环境的相互联系或相互适应而发展到目前的形式。有机进化的景观还包括两种类别：一是残遗物（或化石）景观，代表一种过去某段时间内已经结束的进化过程，有的是突发的，有的是渐进的。它们之所以具有突出、普遍的价值，还在于显著特点已然体现在实物上。二是持续性景观，所谓持续性景观是指在当今与传统生活方式相联系的社会中，保持一种积极的社会作用，而且其自身进化过程仍在进行之中，同时又展示了历史上其演变发展的物证。

关联性文化景观。这类景观之所以列入《世界遗产名录》，以与自然因素、强烈的宗教、艺术或文化相联系为特征，而不是以文化物证为特征。目前，列入《世界遗产名录》的文化景观还不多，庐山风景名胜区是我国在"世界遗产"中唯一的文化景观。此外，列入《世界遗产名录》的古迹遗址、自然景观如果受到某种严重的毁坏和威胁，经过世界遗产委员会调查和审议，可列入《濒危世界遗产名录》，以待采取紧急抢救措施。

非物质文化遗产指来自某一文化社区的全部创作，这些创作以传统为依据、由某一群体或某一些个体所表达并被社会认为是符合社区期望的作为其文化和社会特性的表达形式、准则和价值，并通过模仿或其他方式口头相传。它的形式包括：语言、文学、音乐、舞蹈、游戏、神话、礼仪、习惯、手工艺、建筑及其他艺术。我国的昆曲和古琴已经作为非物质文化遗产列入《世界遗产名录》。

世界遗产百科图鉴
SHIJIE YICHAN BAIKE TUJIAN

亚 洲

百科图鉴

秦始皇陵兵马俑

秦始皇是中国历史上第一位实现大一统的封建皇帝。他的陵墓位于陕西临潼县城东5千米，距西安36千米的骊山脚下。这座规模庞大无比的陵墓，不仅是中国历史上第一座皇帝陵，也是最大的皇帝陵。

遴选标准

1987年根据文化遗产遴选标准C（Ⅰ）（Ⅲ）（Ⅳ）（Ⅴ）被列入《世界遗产名录》。

介绍

"秦皇扫六合，虎视何雄哉，刑徒七十万，起土骊山隈。"

这首脍炙人口的诗句出自我国唐代大诗人李白的笔下，它以磅礴的气势歌颂了秦始皇的辉煌业绩，同时也描述了营造秦始皇陵工程的壮观场面。

秦始皇陵墓形似方形，顶部平坦，中间部分略呈阶梯形，高76米，东西长345米，南北长350米，占地120 750平方米。根据初步考察，陵园分内城和外城两部分。内城呈方形，周长三千米左右，内、外城之间有葬马坑、珍禽异兽坑、陶俑坑；陵外有马厩坑、人殉坑、刑徒坑、修陵人员墓葬四百多个，范围达56.25平方千米。陵墓地宫中心是安放秦始皇棺椁的地方。钻探资料表明，秦始皇陵地宫四周均有4米厚的宫墙，宫墙还用砖包砌起来，并且找到了若干个通往地宫的甬道，发现甬道中的五花土并没有人为扰动破坏的迹象。只发现两个直径1米，深度不到9米的盗洞，但这两个盗洞均远离地宫，尚未进入秦始皇陵的地宫之内。此外，秦始皇陵地宫中存在大量水银的事实，更是其未遭到盗掘的有力证据。因为地宫一旦被盗，水银就会顺盗洞挥发掉。由上述理由可以推断，秦始皇陵地宫可能没有被盗。随着最新科技手段的运用，地宫是否被盗掘和焚毁的真相将会大白于天下。

亚洲

　　自 1974 年以来，在陵园东 1.5 千米处发现了秦始皇陵从葬兵马俑坑三处，成"品"字形排列，出土陶俑 8 000 件、战车百乘，以及数万件实物兵器等文物。1980 年又在陵园西侧出土青铜铸大型车马两乘，引起全世界的震惊和关注，这些按当时军阵编组的陶俑、陶马为秦代军事编制、作战方式、骑步卒装备的研究提供了形象的实物资料。

　　秦始皇兵马俑陪葬坑，是世界最大的地下军事博物馆。俑坑布局合理，结构奇特，在深五米左右的坑底，每隔 3 米架起一道东西向的承重墙，兵马俑排列在墙间空档的过洞中。俑坑中最多的是武士俑，身高 1.7 米左右，最高的 1.9 米。陶马高 1.5 米左右，身长两米左右，战车与实用车的大小一样。人、马车和军阵是通过写实手法的艺术再现。秦俑大部分手执青铜兵器，有弓、弩、箭镞、铍、矛、戈、殳、剑、弯刀和钺。青铜兵器因经过防锈处理，埋在地下两千多年，至今仍然光亮锋利如新，它们是当时的实战武器，身穿甲片细密的铠甲，胸前有用彩线挽成的结穗。军吏头戴长冠，数量比武将多。工匠们用写实的艺术手法把秦俑表现得十分逼真，在这个庞大的秦俑群体中包容了许多个性鲜明的创作，使整个群体显得更加活跃、真实、富有生气。纵观这千百个将士俑，其雕塑艺术成就完全达到了一种艺术美的高度，来自中国各地的高超工匠，把自己对艺术的深刻领悟表现在秦俑的各个方面，从而在艺术上完美地再现了大秦铁骑"奋击百万，横扫六合"的雄浑军阵，也让后人深刻理解了那个时代所达到的艺术高度。

　　兵马俑的发现被誉为"世界第八大奇迹""20 世纪考古史上的伟大发现之一"。秦俑的写实手法作为中国雕塑史上的承前启后艺术为世界瞩目。现已在一、二、三号坑成立了秦始皇陵兵马俑博物馆，对外开放。

　　1987 年，秦始皇陵及兵马俑坑被联合国教科文组织批准列入《世界遗产名录》。

评价

　　秦始皇陵位于陕西省西安市以东 35 千米的临潼区境内，秦始皇陵是中国历史上第一个多民族的中央集权国家的皇帝秦始皇于公元前 246 年—前 208 年营建的，也是中国历史上第一个皇帝陵园。其巨大的规模、丰富的陪葬物居历代帝王陵之首，是最大的皇帝陵。据史料记载，秦始皇为造此陵征集了 70 万个工匠，建造时间长达 38 年。

——世界遗产评定委员会

百科图鉴
北京故宫

故宫位于北京市中心，旧称紫禁城。是明、清两代的皇宫。故宫是中国举世无双的古代建筑杰作，也是世界现存最大、最完整的古建筑群。被誉为世界五大宫之首（北京故宫、法国凡尔赛宫、英国白金汉宫、美国白宫、俄罗斯克里姆林宫）。

遴选标准

1987年，根据文化遗产遴选标准C（Ⅱ）（Ⅲ）（Ⅳ）被列入《世界遗产名录》。

介绍

北京故宫始建于1406年，至1420年基本竣工，是由明成祖朱棣亲自下令修建的。故宫的设计者为蒯祥（1397年—1481年，字廷瑞，苏州人），他的最初设计方案经过了多次的修改与研讨，才最终确定。为了完成这一浩大的工程，朝廷征调了30万民工，耗时14年终告完成。故宫的建筑面积达15.5万平方米，占地面积为七十二万多平方米，有房屋9 999间半（现存八千七百余间），主要建筑是太和殿、中和殿和保和殿，保和殿也是科举考试举行殿试的地方，殿试的第一至第三名分别称为状元、榜眼、探花。

故宫建成后，经历了明、清两个王朝，到1911年清帝退位约五百年，历经了明、清两个朝代共计24位皇帝，是明清两代最高统治核心的代名词。

1911年辛亥革命爆发，满清末代皇帝宣布退位，按照那时拟定的

《清室优待条件》，"逊帝"爱新觉罗·溥仪被允许"暂居宫禁"，即"后寝"部分。1924年，冯玉祥发动"北京政变"，将溥仪逐出宫禁，同时成立"清室善后委员会"，接管了故宫。于1925年10月10日宣布故宫博物院正式成立，对外开放。1925年以后紫禁城才被称为"故宫"。

1961年，国务院宣布故宫为第一批"全国重点文物保护单位"。从20世纪五六十年代起对其进行了大规模的修整。1988年故宫被联合国教科文组织列为"世界文化遗产"。现在已建设成为"故宫博物院"。

直到今天，在世界优秀建筑家们的眼中，故宫的设计与建筑仍是一个无与伦比的杰作。无论是它的平面布局，立体效果，还是形式上的雄伟、辉煌、庄严、和谐，都显得那样的相得益彰、豪华壮丽。从某种意义上说，故宫完全可以代表中国悠久的文化传统，代表五百多年前匠师们在建筑上的卓越成就。

中国传统的建筑艺术在屋顶形式的表现上是极为丰富多彩的，在故宫建筑中，不同形式的屋顶就达10种以上。以三大殿为例，屋顶的建筑就各尽其妙、各不相同。同时，故宫建筑屋顶还铺满了各色琉璃瓦。主要殿顶以黄色为主，绿色用于皇子居住区的建筑，其他颜色还有蓝、紫、黑、翠以及孔雀绿、宝石蓝等，真是色彩缤纷、晶莹剔透。此外，太和殿屋顶当中正脊的两端各有琉璃吻兽，稳重有力地吞住大脊。吻兽造型优美，是构件又是装饰物。一部分瓦件塑造出龙凤、狮子、海马等立体动物形象，象征吉祥和威严，这些构件在建筑上均起到了不可或缺的装饰作用。

故宫的宫殿是沿着一条南北走向的中轴线排列的。三大殿、后三宫、御花园都位于这条中轴线上，并向两旁对称展开。这条中轴线不仅贯穿在紫禁城内，而且南达永定门，北到鼓楼、钟楼，贯穿了整个城市，气魄宏伟，规划严整，极为壮观。

故宫的前部宫殿设计特点尤为突出，整体建筑造型宏伟壮丽，庭院明朗开阔，象征着封建皇权至高无上。太和殿坐落在紫禁城对角线的中心，四角上各有10只吉祥瑞兽，生动形象，栩栩如生。

故宫的后部内廷在建筑上达到了庭院深邃、建筑紧凑的视觉效果。此外，东西六宫建筑虽整体上整齐划一，但各自却又自成体系。各有宫门宫墙，相对排列，秩序井然，再配以宫灯对联，绣榻几床，都是体现适应豪华生活需要的布置。内廷之后是后苑。后苑里有岁寒不雕的苍松翠柏，有秀石叠砌的玲珑假山，楼、阁、亭、榭掩映其间，幽美而恬静。

故宫是几百年前劳动人民智慧和血汗的结晶。在当时的社会生产条件下，能建造出这样宏伟高大的建筑群，充分反映了中国古代劳动人民极高的智慧和创造才能。

评价

紫禁城是中国五个多世纪以来的最高权力中心，它包括园林景观和容纳了家具及工艺品的9 000个房间的庞大建筑群，成为明清时代中国文明无价的历史见证。

——世界遗产评定委员会

亚洲

百科图鉴
越南下龙湾

越南下龙湾国家公园位于河内东部，占地1 553平方千米，以景色秀美多姿而远近闻名。一千六百多个大大小小的岛屿如繁星般点缀在下龙湾内，堪称奇观。由于下龙湾中的小岛都是石灰岩的小山峰，且造型迥异，景色优美，与中国的桂林山水有异曲同工之妙，因此有"海上桂林"之称。

遴选标准

1994年根据文化遗产遴选标准N（Ⅲ）被列入《世界遗产名录》。

介绍

下龙这个词的含义是指蜿蜒入海的龙。传说这里的人们曾尝尽了外敌的侵略之苦，龙神们为了拯救他们，曾在天空上方出现，那些岛屿就是龙用来惩罚入侵者，从嘴里吐出的宝石变成的。下龙湾分为三个小湾，在一碧千里的海面上，石灰岩岛屿若繁星密布，尖峰耸峙，奇石嶙峋。

下龙湾国家公园的历史并不悠久。由于越南连年的争战，很长时间以来，并没有进行文化遗产的保护。后来这项工作始于Do Manh Kyiha先生。

来到下龙湾国家公园，你可以在湾里乘舟欣赏岛上的秀色美景，也可以直接到岛上的石洞作一次观瞻。与此同时，你还能与船上的渔人们交谈，感受一下渔乡的风土人情。在祖母绿色的海湾中游历，细细体会美丽的岛屿风光，真是一种此生难得的享受。

越南下龙湾国家公园的美景是靠人们的不断维护而成为今天的样子的。修复石洞，日夜在岛上巡逻，发掘和研究古代遗址，这一切使得公园里的景观变得越来越美丽。令人惊讶的是，如此繁复的工作却只是由一百多人完成的。没有他们的辛勤工作，下龙湾国家公园绝不会像现在这样风景如画。

越南下龙湾国家公园属于国家所有，海拔高度为100米~200米。下龙湾内有大量石灰岩岩石、片岩岛以及少量土质小岛，总共有1600个岛屿，这当中有1000个已命名。岛上有各种各样的奇花，有些岛屿还拥有原始热带森林的风光。高度100米~200米的大型岛屿位于下龙湾的南部，其间点缀着高5米~10米的零星小岛。下龙湾东部是一些中等大小的岛屿，岛上的斜坡近乎平直，很有特色。这些岛上还有众多的岩石、钟乳石和石笋。下龙湾内的群岛上只有土质的岛屿上有人类生活的踪迹。

根据初步的统计，越南下龙湾国家公园里有大约一千种鱼。在岛上还发现有大量哺乳动物、爬行动物和各种鸟类。公园里现已发现许多处考古点。在很早以前，下龙湾曾是中国、日本及其他东南亚国家贸易往来的重要港口。

下龙湾国家公园对任何人来讲，都称得上值得一去的风景胜地。下龙湾国家公园最重要的保护意义在于它的自然景观，当然还有地质学上的因素。下龙湾生物物种尤其是水生物种的多样性及众多的考古遗址也都应该得到人们对它们的保护和研究。

评价

下龙湾上面的1600个岛屿构成了一幅独特的海景。因为那里地势险峻，大部分岛屿上面杳无人烟，所以才能保持其美丽的自然风光。此地优美的生态景观突显了它不同于其他地区的美学意义。

——世界遗产评定委员会

亚洲

百科图鉴
吴哥窟

吴哥窟为柬埔寨佛教古迹，为柬埔寨古代石构建筑和石刻浮雕的杰出代表。大约在1150年建造的吴哥窟是世界上寺庙建筑群中最大和最著名的庙宇。

遴选标准

1992年根据文化遗产遴选标准C（Ⅰ）（Ⅲ）（Ⅳ）被列入《世界遗产名录》。

介绍

六百多年以来，整座吴哥古迹被丛林榛莽所湮没。如今部分地区又恢复到原来的样子。

众所周知，印度教诞生于印度，是印度的国教，但印度教的建筑精品却在柬埔寨。柬埔寨的宗教建筑群是可以与中国的万里长城、埃及的金字塔和印度尼西亚的婆罗浮屠并称的杰出建筑。12世纪时，神王苏利耶跋摩二世皇帝建造了这座宏伟的吴哥寺。吴哥窟是敬献给印度教神灵毗瑟拿的，它不仅是一所寺庙，还是苏利耶跋摩一世的陵墓。

寺院周围有壕沟维护，墙外还有巨大的蓄水池。吴哥窟的设计和谐优美，规模巨大的城池内有两道围墙，还套着一座方形石城。游人通过外墙的城门进入城中就可以看见整座主体建筑物耸立在紧密相连且重叠的平台上面。这座圣殿的中心上方有一个61米高的塔。经过几道门、一座台阶以及宽敞的庭院，就会到达高塔下，它的周围有四座较低的塔，它们是四个附属寺庙的标志。

吴哥窟生动活泼的雕塑装饰和它严谨匀称的设计相得益彰。石雕上生动地雕刻着印度史诗中的场面。在长达数百米连续不断的长廊浮

雕上展现了高棉历史上的著名人物风貌。最受欢迎和反复出现的形象是高棉舞蹈女神。

吴哥窟是一座出色的建筑，它体现了对体积、空间以及几何体组合运用的精湛造诣。当时的建筑技术非常有限，但高棉人却能将石头运用得恰到好处，拱形结构和穹顶的建筑方式也被石头诠释得淋漓尽致，整座建筑使人们赞叹不已。

高棉艺术深受印度教和佛教的影响。这两种教派在高棉都一样受到尊重。吴哥城是高棉文化鼎盛时期的建筑，位于吴哥窟附近，它的中心是佛教寺庙巴戎寺。这里也有圣塔、长方形的回廊，中央有一个高耸的圣坛。鲜活而逼真的浮雕塑造着统治者骑在大象上威风凛凛的形象，在他的周围是拥挤的人群，甚至能够看到正在跳舞的女郎。这里供奉的是涅槃的饶王佛。吴哥城每个石塔顶上雕刻的都是四个巨大的笑脸，象征神明保佑的祥和。

评价

吴哥窟是东南亚主要的考古学遗址之一。它的占地面积大约是四百多平方千米，其中包括林地、吴哥窟遗址公园。这个公园有从公元9世纪—15世纪高棉王国每个首都的灿烂遗迹，其中就有著名的吴哥寺庙。在吴哥城，Bayon寺庙里保存了数不胜数的雕塑饰品。联合国教科文组织对这一遗址及其周边已经制订了一个完善的保护计划。

——世界遗产评定委员会

亚洲

百科图鉴
菲律宾的巴洛克式教堂群

菲律宾共和国位于亚洲南部的菲律宾半岛上，北隔巴士海峡与我国台湾省遥对，南与马来西亚、印度尼西亚隔海相望。菲律宾最著名的巴洛克式教堂群主要集中在吕宋岛和班乃岛上。

遴选标准

1993年根据文化遗产遴选标准C（Ⅱ）（Ⅳ）被列入《世界遗产名录》。

介绍

菲律宾的巴洛克式教堂群坐落在菲律宾吕宋岛的帕瓦伊、圣玛利亚、马尼拉，以及班乃岛的米亚高等地。其中以圣奥古斯丁教堂、奴爱斯特拉·塞纳拉·台·拉·阿斯姆史奥教堂、比略奴爱巴教堂三所最为著名。教堂结构以西班牙教堂为参照，同时也依据当地气候条件对其结构进行了改动。建筑采用矩形平面，既无侧廊又无交叉廊的结构。这种设计再配以坚固的备用墙壁、天棚低矮的回廊，就成为菲律宾基督教堂最大的特色。

菲律宾最古老的石造建筑之一是圣奥古斯丁天主教堂。建于1571年。建立之初使用的是易燃的竹子和椰树叶子等材料，所以才会发生1574年和1583年的两次火灾。教堂在1599年开始重建，1661年竣工，整座大殿长60米、宽15米，用珊瑚和砖修成的墙壁厚1.7米，墙垣、天花板和地面所用的都是大理石材料，天花板的石块上雕刻着样式各异的花草，雕刻手法高超，形态非常逼真。作为备用的墙壁高

17

出外壁5米，它的顶部筑有小塔。教堂内装饰有数量繁多的雕刻和绘画作品以及一些制作精细的木雕饰物。后来，人们在这里还修筑了以珊瑚为主要建筑材料的钟塔。

著名的奴爱斯特拉·塞纳拉·台·拉·阿斯姆史奥教堂在吕宋岛南伊罗戈省圣玛丽亚。教堂始建于1810年，传说此地曾发现圣母玛丽亚的雕像，人们认为圣母希望在这座山丘上建一座天主教堂，所以才显示出这些征兆，于是建成这座教堂。教堂的正面两侧有圆塔。墙壁上砌有花和叶的优美图案。教堂的钟塔是八角形平面的四层建筑，形状很像中国的佛塔。

米亚高在班乃岛南部港口城市伊洛伊洛以西约四十千米处，比略奴爱巴教堂就矗立在此地，教堂完工于1809年，在它的两侧屹立着两座钟塔，钟塔上方用棕榈等热带植物作为装饰。

西班牙殖民者在1571年占领了马尼拉，不久以后他们就在吕宋岛建起了圣奥古斯丁教堂，它成为吕宋岛上历史最悠久的教堂。这座教堂最初是木结构的，到1599年才改建成现在所看到的石制教堂，1606年正式竣工。后来菲律宾的大部分教堂都被战火毁坏，唯独这座教堂虽然历经多次大地震和第二次世界大战，但依然完好无损。古老的教堂穿越三个多世纪的时光，直到现在仍然岿然屹立，成为世界上早期防震建筑的典范之作。

评价

菲律宾的巴洛克式教堂群位于马尼拉、圣玛丽亚、帕瓦伊以及米亚高，其中最早的圣奥古斯丁教堂是由西班牙人在16世纪晚期建造的，结构独特，在世界上独一无二。这些融合了欧洲巴洛克风格的建筑是由中国工匠和菲律宾工匠共同建造完成的。

——世界遗产评定委员会

百科图鉴
巴米扬山谷

中亚地区的文明古国阿富汗是古代丝绸之路上的重要城市。巴米扬石窟坐落于现在阿富汗中部巴米扬城北兴都库什山区海拔2 590米的一条小河谷中，在它的北面是兴都库什山的支脉代瓦杰山，南面是巴巴山脉，巴米扬河从两山间流过，巴米扬石窟就开凿在代瓦杰山南面的断崖上。

遴选标准

2003年根据文化遗产遴选标准C（Ⅰ）（Ⅱ）（Ⅲ）（Ⅳ）（Ⅵ）被列入《世界遗产名录》。

介绍

巴米扬山谷的佛像和岩洞艺术是中亚地区干达拉文化中佛教艺术的典范，但巴米扬山谷的佛像和洞窟所具有的标志性的象征意义反而使遗址多次受到威胁，其中最严重的一次是2001年那次震惊世界的蓄意爆炸行为，这就不得不让人思考对古文化遗产的保护问题了。

巴米扬山谷的佛像和建筑遗迹是古代丝绸之路上的重要佛教中心，深受印度、希腊、罗马和萨桑文化的影响，后期又有了穆斯林文化的影响，形成了独特的干达拉文化。

巴米扬是位于古代丝绸之路上的一个多山地的国家，这个地理位置是连接印度、西亚与中亚的交通要塞，光辉灿烂的东西方文化都曾在这里交融，中国唐代著名僧人玄奘从长安出发到印度取经，就曾经路过巴米扬。他在其著作《大唐西域记》中将此地译为"梵衍那国"。

作为世界闻名的巴米扬石窟有两项世界之最，首先巴米扬石窟是现存最大的佛教石窟群；其次，巴米扬大佛是世界上最高的古代佛像。巴米扬石窟全长一千三百多米，各种各样的洞窟约有七百五十个，与我国新疆拜城的克孜尔石窟和甘肃敦煌的莫高窟相比都要大得多。巴米扬石窟群中最吸引人目光的是分别开凿在东段和西段的两尊立佛像，就是被称为"东大佛"和"西大佛"的两尊佛像，两尊佛像相距400米，造型十分醒目。东大佛高35米，身披蓝色袈裟，西大佛高53米，身披红色袈裟，佛像的脸部和双手都涂有金色。两尊佛像的两侧都是暗洞，洞高度可达数十米，人们拾级而上，可以到达佛顶，佛顶的平台处可容纳百余人一起站立。巴米扬大佛雕造时间约为公元4世纪—5世纪，历经岁月风蚀，战火摧残。有记载的大规模破坏，前后有4次。第一次发生在大约公元8世纪阿拉伯帝国的军队征服巴米扬期间；第二次是在13世纪初，成吉思汗蒙古大军的铁蹄践踏了这块土地，巴米扬石窟没有逃过这次战火的劫难；第三次是在19世纪，帝国主义将战火烧到阿富汗领土时，驻扎巴米扬的英军击毁了巴米扬石窟的两尊大佛，从此巴米扬大佛变得千疮百孔，肢残体断。2001年3月，阿富汗的塔利班武装派别居然不顾联合国和世界各国人民的强烈反对，动用大炮、炸药等各种只有在战争中才使用的武器，摧毁了巴米扬包括塞尔萨尔和沙玛玛在内的所有佛像。

  为了避免佛像再次遭到破坏，当地政府下令禁止从这里取走泥块，也严禁在这里埋地雷等破坏性武器。虽然目前政府还没有修复佛像群的计划，但日本和印度等国政府已表示希望出资帮助阿富汗政府修复佛像。斯里兰卡政府表示有意购买被阿富汗塔利班政权摧毁的巴米扬佛像碎石或残骸作为日后重建之用。

评价

  融合了希腊文化和印度文化风格的巴米扬山谷的佛像和岩洞艺术是公元1世纪—6世纪古代巴克特里亚文化宗教历史的优秀代表，它将多种文化的内涵融汇进了干达拉文化中的佛教艺术。巴米扬山谷建有众多的寺庙，也保存着穆斯林时代的军事工程。巴米扬山谷也见证了塔利班炸毁两尊巴米扬大佛的悲剧。

——世界遗产评定委员会

亚洲

百科图鉴
泰姬陵

修建于1632年—1654年的泰姬陵体现了一个国王对他深爱的妻子刻骨铭心的思念。几百年风雨沧桑过后，这座举世闻名的爱情丰碑仍然具有不凡的魅力。

遴选标准

1983年根据文化遗产遴选标准C（I）被列入《世界遗产名录》。

介绍

1631年，莫卧儿皇帝的妻子在生第十四个孩子时难产去世。她那时只有36岁，这对她的丈夫沙贾汗来说失去的不仅仅是深爱的妻子，同时也失去了一个得力的助手。他立誓要建一个配得上他妻子的、无与伦比的陵墓来怀念妻子。最终人们都看见了他伟大的建筑。在这个让人叹为观止的建筑物上，刻着沙贾汗爱妻名字的缩写：泰姬·玛哈尔。

泰姬陵不仅是爱情的见证，更是建筑史上的奇迹。

尽管它只是一座陵墓，但它却没有通常陵墓所有的凄凉。相反，它会让人觉得它似乎在天地之间飘浮着。它的结构对称协调，花园和水中倒影巧妙结合在一起，创造了令所有游览者叹为观止的奇迹。据说，大约有两万名工匠参与了泰姬陵的建造，历时22年才完成。

泰姬陵是由从322千米外的采石场运来的大理石建造的，数以万计的宝石和半宝石镶嵌在大理石的表面，陵墓上的文字是用黑色大理石做的。从一道雕花的大理石围栏上就能够看出其出色的雕刻工艺。阳光照射在围栏上时投下变幻无穷的影子。以前曾经有银制的门，里面有金制栏杆和一大块用珍珠穿成的帘盖在皇后的衣冠冢上（它的位置在实际埋葬地之上）。虽然盗墓者们窃去了这些价值连城的东西，不过泰姬陵的宏大华美依然使人为之倾倒。

泰姬陵位于一个风景区内，威严壮丽的通道喻示着天堂的入口，上方有拱形圆顶的亭阁。以前在这里曾经建有一扇纯银的门，上面装饰着几百个银钉，但所有这些珍贵宝物都已被劫走，如今的门是铜制的。

泰姬陵表现了莫卧儿王朝建筑成就的高峰。陵墓主体竖立在一个底座上，上面饰有尖塔，人们对它充满了敬仰之情。这种风格的纪念陵墓在印度北部有所发展，但不久就消失了。

侯迈因在德里的陵墓是在1564年开始修建的，它是泰姬陵的雏形，坚实、威严却不失精致、典雅。17世纪70年代沙贾汗的儿子在奥芝加巴德也为他的妻子仿造了一座泰姬陵，只是它缺少泰姬陵的协调和韵味。德里的另一座陵墓赛夫达贾之墓在1753年开始修建，被称为是"莫卧儿建筑最后的闪光"。19世纪30年代，威廉·本廷克阴谋策划拆除当时疏于管理而杂草丛生的泰姬陵，将大理石运去伦敦出售，但是由于从德里红堡上拆下的大理石没有找到买主，这个阴谋才未付诸实施。后来，到20世纪初印度总督才又重新修复了泰姬陵。

毋庸置疑，泰姬陵是世界上完美艺术的典范。这座全部由大理石建成的建筑几乎无可挑剔，月光之下的泰姬陵更给人一种置身天堂的感觉。它除了表达了沙贾汗对爱妻的深情思念，也是他给后人的一份厚礼。

评价

泰姬陵是一座白色大理石建成的巨大陵墓清真寺，是莫卧儿皇帝沙贾汗为纪念他心爱的妻子在阿格拉修建的。泰姬陵是印度穆斯林艺术尽善尽美的瑰宝，是世界遗产中让人叹为观止的经典杰作之一。

——世界遗产评定委员会

亚洲

百科图鉴
大马士革古城

古人将大马士革城修建在陆上丝绸之路岔路口的绿洲上面，它的对面是黎巴嫩山脉，与西南部拜拉达河相邻。古城内的建筑富丽堂皇，庄严壮丽，堪称建筑史上的奇葩。在阿拉伯的古书中，有这样一段话："人间若有天堂，大马士革必在其中，天堂若在天空，大马士革必与它齐名。"

遴选标准

1979年根据文化遗产遴选标准C（Ⅰ）（Ⅱ）（Ⅲ）（Ⅳ）（Ⅵ）被列入《世界遗产名录》。

介绍

从史书上看，公元前15世纪时人们就对大马士革有所记载，大马士革一直以来都是宗教、贸易和政治的中心。

公元前10世纪时，大马士革成为亚美尼亚王国的首都，当时非常有名的哈达德神庙就建于此。历史上的大马士革城历经巴比伦人、埃及人、赫梯人、亚述人和波斯人在内的多次入侵，后来亚历山大大帝征服了大马士革。到了塞琉西王朝时期，安条克将大马士革取代而成为新的都城。公元前64年，大马士革被罗马人占领，当时已希腊化的大马士革成为罗马叙利亚省的一部分，并渐渐显出繁荣的趋势，在文化和宗教上较明显的变化则是在哈达德神庙的旧址上建起了一座用来供奉朱庇特的神庙。公元636年拜占庭帝国战败后，穆斯林占领了这座与西方有联系长达10个世纪之久的城市。公元7世纪—8世纪

大马士革古城建于公元前3世纪，是中东地区最古老的城市之一

时，大马士革成为阿拉伯帝国倭马亚王朝的首都，此时，它成为阿拉伯帝国辽阔疆域的都城。公元705年—715年，一座大清真寺又在原来罗马神庙的旧址上诞生。阿尤布王朝建立后，就是在大马士革萨拉丁集结了他的军队从大十字军手中夺回耶路撒冷。大马士革又重新回到首都的地位上来。1516年起，大马士革被奥斯曼土耳其侵占达400年之久。

大马士革的布局保留了倭马亚王朝哈里发时期的建筑风格，古城由一道具有城门的防卫城墙围护。在设计上保留了一些罗马和拜占庭时期的规划结构（如按四个方位基点进行定向的街道）。大马士革古城起源于伊斯兰教，有旅行车队圈地、光塔等为证。记载古城不同时期发展历程的大清真寺在大马士革古城众多古建筑中成为朝圣者们的首选。同时，它也是伊斯兰教的神圣之地。它的建筑结构还影响到了叙利亚、土耳其、西班牙及其他一些地区清真寺的设计规划。

在大马士革，大清真寺的风格可谓独特而臻于完美，它的建筑风格影响深远。倭马亚王朝哈里发时期的整体建筑印证了大马士革的辉煌岁月，而它的宗教性建筑是大马士革作为穆斯林城市的原始证明。从城市的沿革上看，大马士革城市的发展和基督教、伊斯兰教等宗教的发展联系在一起。

评价

大马士革建于公元前3世纪，是中东地区最古老的城市之一。中世纪时期，大马士革是繁荣的手工业区（刀剑和饰带）。在它源于不同历史时期的125个纪念性建筑物中，以公元8世纪的大清真寺最为壮观。

——世界遗产评定委员会

亚洲

百科图鉴
古京都遗址

古京都遗址建造于公元794年（平安时代开始），位于前首都平安京区域，从那时起到江户时代（1600年—1868年），它就一直作为首都，同时它也造就、孕育和保存了日本许多优秀灿烂的文化。

遴选标准

1994年根据文化遗产遴选标准C（Ⅱ）（Ⅳ）被列入《世界遗产名录》。

介绍

与古京都这一地区的其他历史建筑一起，还有17座建筑被划归为世界遗产范围，并被确认为重要的历史和文化宝库；同时被作为日本典型的文化遗产而得到重点保护。许多已经被确认为国家历史建筑和特别保护的花园，同时被列入文化保护法范畴。

古京都的最初设计是仿效中国隋唐时代的都城长安和洛阳建造的，整个建筑群呈矩形排列，以贯通南北的朱雀路为中心线，将整个城市分为东西二京，东京仿洛阳而建，西京则仿长安而建，中间为皇宫。宫城之外是皇城，皇城之外是都城。城内街道呈棋盘形分布，东西、南北排列规整，布局整齐，城市明确划分为皇宫、官府、居民区和商业区。

京都是世界闻名的文化古都，市内历史古迹众多，建筑古典精致，庭园清新俊秀。众多的历史遗产在近年来由于火灾不断，有许多遗迹已经被烧毁了。今日依稀可见的京都地区的一些残垣可以追溯到较远的17世纪。放眼郊外的山麓小丘和周围的小山就会看到代表各

25

个时代最早的建筑和花园。京都皇宫位于京都上京区。前后被焚7次，现在的皇宫为孝明天皇重建，面积为11万平方米，四周是围墙，内有大殿10处、堂所19处，宫院内松柏名门9个，梅樱互映相间，静穆中不失活泼。

平安神宫的殿堂仿照平安朝皇宫正厅朝堂院修建。为明治时代庭园建筑的代表作。其大殿为琉璃瓦建筑，远眺屋宇，金碧辉煌。神宫由东南西北四苑组成，其间建有白虎池、栖凤池、苍龙池。湖上的亭阁，大都仿照中国西安寺庙的结构修建，极具中国建筑风格。

二条城的富丽堂皇与故宫的朴素恰成鲜明对比。用巨石修建的城垣，周围有护城河，河上有仿唐建筑。这里最初是德川家康到京都的下榻之地，后因德川庆喜在此处决议奉还大政而为世人所知。1886年这里成为天皇的行宫，1939年归属京都府。主要建筑有本丸御殿、二之丸御殿等。

京都有佛寺一千五百多座，神社两千多座，这里是日本文化艺术的摇篮，佛教的中心。

金阁寺原为西园寺恭经的别墅，后给了足利义满。金阁寺建筑结构为三层，第二层和第三层的外墙用金箔贴成，远远望去，一片金碧辉煌。三层高的金阁寺，每层都代表着不同时代的风格：第一层是平安时代，第二层是镰仓时代，第三层是禅宗佛殿的风格。塔顶尾部装饰着一只金铜合铸的凤凰，堪称一绝。

银阁寺位于京都东山麓，与金阁寺齐名。银阁寺原来也是别墅，兴建时曾计划以银箔为壁饰，但建造完成时并未实施，所以改名慈照寺，但还是俗称银阁寺。

大德寺建于1319年。著名的一休大师（即聪明的一休）经过几十年的辛苦布教后，以80岁的高龄任大德寺的主持，重建了大德寺。

清水寺创建于公元798年，后由德川家康将军于1633年重建。其与金阁寺、二条城并列为京都三大名胜，也是赏枫叶及樱花的著名景点。

评价

古京都仿效中国隋唐时代首都形式，建于公元794年，从建立起直到19世纪中叶一直是日本的帝国首都。作为日本文化中心，它具有1 000年的历史。它跨越了日本木式建筑、精致的宗教建筑和日本花园艺术的发展时期，同时还影响了世界园艺艺术的发展。

——世界遗产评定委员会

亚洲

百科图鉴
日光神殿与庙宇

日光市位于日本枥木县西北山脉连绵的群峰峻壑之中。日光市是一个阳光充足、风景优美，有着优美的自然景观和美好的人文景观的国际知名的旅游城市。

遴选标准

1999年根据文化遗产遴选标准C（I）（IV）（VI）被列入《世界遗产名录》。

介绍

日光神殿和庙宇是建筑和艺术的凸现。精心设计的建筑和谐统一，并通过森林和自然衬托出建筑的外貌。

日光市西北的日光山，有大量的庙宇和神社，这些庙宇和神社内的雕刻显示了日本江户时代建筑的最高艺术水平。

"两社一宫"是日光山内的庙宇神社建筑群的最好概括，它们分别是日光东照宫、二荒山神社两处神社和轮王寺一宫，在这里有日本国宝级别的殿堂、钟楼、鼓楼、山门等共103处之多，它们全都分布在日光山内中禅寺湖边。神宫与神社之间，神社与神社之间道路相通，音声相闻，建筑做工精细，样式华美，具有浓重的江户时代风格，同时各庙宇又各自有着自己的风格与特色，相互辉映，具有极高的艺

术价值和审美价值。

日光神殿和佛教庙宇构成了一幅完美的图画，反映了江户时代的建筑风格，其两座风格独特的陵墓，作为日光建筑的代表对今后的建筑产生了决定性的影响。它以杰出和卓越的方式表现了建筑和装饰的独特性和创造性。

日光东照宫埋葬了江户幕府的开创者德川家康，当时的东照宫的风格还比较简明朴素，到幕府三代大将军德川家康时，重新改建，扩大规模，才形成现在东照宫的样子。

五重塔是由杉木建构的唐式宝塔，坐落在宫门口，高36米，起初是若狭藩主酒井忠胜所建，后来发生大火，塔遭到毁坏，又由其后人酒井忠进依原样重建。绕过五重塔，就能进入东照宫内。宫内设有三神库、御水房、神厩房、经藏、本地堂、阳明门等神道建筑，还有回运灯笼，南蛮铁灯笼等神道器物。其中神厩房是由原始木料建成的，雅致朴素，在木墙上的一群猴子被雕得栩栩如生，这些猴子三个一群、两个一伙，还有的蹲在树枝上远望，各具神态，生动活泼，具有极高的艺术和欣赏价值。

"两社一宫"的另一社是二荒山神社，从东照宫向西步行20分钟的路程。在东照宫建成之前，出于对二荒山的敬仰，就在这里形成了一个举行祭山仪式的核心地区。延历九年，现存在殿内除了正殿等历史最悠久的建筑物外，化灯笼、大国殿等建筑物都是后人在原有建筑的基础上扩建的。明治时期，根据法令将这里改称为二荒山神社。社内著名景点有神乐殿、亲子杉、化灯笼、正殿、日枝神社、大国殿、朋友神社等，像这样被指定为国宝级的文化遗产有23处。在大国殿附近有一块巨大的圆石，是人们供奉在这里的自然石头，这块石头代表了健康和长寿。

日光神殿和庙宇及周边环

亚洲

境，是日本传统宗教中心杰出的典范。而这一宗教是与人和自然之间的神道观念密切相关的。山脉和森林既是神圣的象征，又是尊崇的对象，在当今的宗教活动中一直充满生机。

公元766年，胜道上人在日光山轮王寺结庵创社，轮王寺是日本天台宗三处发祥地之一。现寺内设宝物殿、护法殿、紫云阁等处，环境优美，在寺外塑有胜道上人像。胜道上人，是下野国芳贺部人，7岁时做了一个奇异的梦之后就开始有志于佛道，27岁正式成为僧人。他一生历尽坎坷，但意志顽强，先后在日光山内创建了四本龙寺、中禅寺、本宫神，这些是现在"两社一宫"建筑群的原始构造。如今他的塑像矗立在轮王寺外的岩石上，手里拿着宝杖，眼向前方，目光坚定，当年的风采依然清晰可见。

日光阳光充足，风景优美，以其优美的自然景观和美好的人文景观而成为国际有名的旅游城市

日光的庙宇比较集中的还有分布在绿树浓荫内的大猷院灵庙，整个建筑群分为仁王门、二天门、御水房、夜叉门等，它的建筑艺术在手法上集中了东照寺的细腻，同时又另有发挥，从而使它远近闻名。轮王寺与大猷院灵庙两地共有38处建筑被指定为日本国宝级的重要文化遗产。

评价

几个世纪以来，目光神殿和庙宇与它们周围的自然环境一直被视为神圣之地，并因其杰出的建筑和装饰而闻名于世。同时它们与德川幕府历史有着密切的关系。

——世界遗产评定委员会

世界遗产百科图鉴
SHIJIE YICHAN BAIKE TUJIAN

美洲

百科图鉴
魁北克历史遗迹区

作为魁北克省的首府，魁北克市还是加拿大境内法兰西文化的起源地。城市沿狭长的高地修建，旁边有圣劳伦斯河流过，是进入北美大陆的"门户城市"，所以魁北克常被人们称为"北美直布罗陀"。

遴选标准

1985年根据文化遗产遴选标准C（Ⅳ）（Ⅵ）被列入《世界遗产名录》。

介绍

魁北克历史遗迹区大约有一半的建筑是建于1850年以前的。魁北克市本来是印第安人的居留地，1680年法国人在此建立永久居留地，1832年建市。魁北克市是加拿大的一座历史名城，市区景色秀丽，到处散发着浓厚的法国气息。虽然现在这座城市已经发展为一个拥有60万人口的大都市，但是这块占地1.35平方千米（占城市总面积的5%）的历史遗迹区却完整地保存了下来。

魁北克要塞是北美大陆上最著名的要塞，一直以来被认为是加拿大的"兵家必争之地"。19世纪20年代的魁北克是加拿大的主要港口，英国军队在海角的山上建立起牢固的军营，而且还在上城周围修建城墙。19世纪70年代，地方长官杜弗林爵士在一项关于保持城市传统的提案中建议市政府即使城市的城墙和要塞已经失去防御价值也不要拆毁它们。这一建议不仅确立了当地历史遗迹区的地位，也为旧魁北克创造了开发旅游业潜力的机会。

美洲

　　法国人在圣劳伦斯河畔建立了最早的定居点。殖民点起初靠着河岸发展，再以后就开始沿着海角建设。河岸或者叫下城依然是居住区和商业区，上城成为市政管理和宗教中心。

　　魁北克城分旧城和新城两部分：旧城都由城墙包围；新城在城墙以外。市区分为上城区、下城区和新城区。上城区处在高坡之上，周围环绕着平均高达 35 米的古老城墙，是北美唯一拥有城墙的城市。下城区是商业区，处在上城区东北方。这里的皇家广场有加拿大的"法国文明的摇篮"之称。广场周围有历史长达几百年的老屋，从 20 世纪 60 年代开始，这里被魁北克政府辟为历史文物保护区。

　　魁北克还是北美最古老的罗马天主教城市。全市教堂共有 50 座，著名的罗马天主教圣玛丽亚大教堂就是其中之一，它有 1647 年建的围墙。维克图瓦尔教堂内还藏有鲁本斯的名画。建于 1639 年的于尔絮利纳修道院，是北美历史最悠久的女子学校。园内有 1757 年死守魁北克的法国主将孟康的墓园。

　　1717 年开始点燃的长明灯历经两个世纪一直燃烧到现在。附近博物馆中所陈列的圣器，使人不禁想起昔日修女的生活。

评价

　　新法兰西的都城魁北克，是法国探险家查普伦在 17 世纪早期发现的，从 18 世纪中叶到 19 世纪中叶这里一直被英国人统治。城的北部建立在悬崖上，那里还留有宗教和行政中心，像巴里耶芒要塞和弗隆特纳克堡。南城和老区一起构成了整个城市，使之成为一个殖民地城市的典范和代表。

——世界遗产评定委员会

百科图鉴
独立会堂

独立会堂在当时的 13 个殖民地里，是最"雄心勃勃"的建筑，之所以用"雄心勃勃"这个词，是因为这座当时的宾夕法尼亚州（现费城）的议会大楼被视为国家将要出现的象征。

遴选标准

1979 年根据文化遗产遴选标准 C（Ⅵ）被列入《世界遗产名录》。

介绍

由于当时的地方政府采取边建设边投资的政策，因此这个建筑也是一点一点完成的，所以工程就从 1732 年建到了 1753 年，也就是开工的 21 年后，才宣告竣工。它由当时绰号为"精明的律师"的安迪·哈密尔顿审查设计并监造完成。哈密尔顿由于 1735 年在纽约成功地为彼得·曾热尔辩护而名声大振，这次成功的诉讼被视为捍卫新闻自由的里程碑。这座建筑历经多次修葺，逐渐恢复了最初的面貌。在多次的修葺中比较著名的有 1830 年由希腊复古主义建筑师约翰·哈维兰德的改造和 1950 年美国国家公园管理中心的修缮。

这是一座顶部带有尖顶的造型优美的砖式建筑，在原来的设计中，尖顶里放着一口重约 943.5 千克的大钟。不幸的是，这口钟裂过两次，现在正静静地躺在一个特制的防护棚中。现在尖顶中放置的仅仅是这口钟的复制品。独立会堂的重要意义不在于它的建筑设计，而在于它是形成美国民主政治制度的重要文件的起草和讨论场所。

独立会堂对于美国的形成与发展有着重要的意义。除了罗德岛殖民地没有派出代表参加，其余 12 个殖民地的代表们都参加了此次商讨，乔治·华盛顿主持了这次会议和接下来的讨论会。这次会议形成的草案由前言和 7 个章节组成，经过 8 个州的批准后生效。1788 年 6

美洲

月21日新罕布什尔州作为第9个州批准了这个草案，第二年的3月参与的各州联合盖章，文件正式实施。在这个文件中最为重要的两点是：三权分立制度的确立和将议会分为上院和下院两个部分。由于上院最初位于议会大厅的上层，而下院最初位于议会大厅的下层，故此称为上议院和下议院，这也是上、下院之分的由来。上院不分大小州都赋予其平等的权利，下院则是按照各州的大小分配名额。当年就在这座会堂中，来自大小不同的各州代表为了建成一个有利于自己所在州的联合政府，在长达5个月的唇枪舌战中进行了不知道多少次针锋相对的智力角逐和口舌之辩，好在这些当时的精英们在思想的碰撞和摩擦后，最终相互妥协、让步，为美国后来的发展奠定了牢固的基石。据说，乔治·华盛顿为了防止自己的意见在联合宪章中被不适当地夸大，因而在当时的热烈讨论中很少阐述个人的观点。整个讨论是在1787年那个炎热的夏天秘密进行的。

独立会堂作为《独立宣言》和《联合宪章》的诞生地而成为世界遗产，对广大游人开放。

评价

独立会堂位于费城的市中心，是举世闻名的文化遗址，具有重要的历史意义，它宣告了美国的独立。1776年和1787年曾先后在这里形成了两篇重要的文件，即《独立宣言》和《联合宪章》。这两个文件不仅在美国历史上起着重要的作用，而且它所阐述的原则也为世界各国立法提供了参考标准。

——世界遗产评定委员会

独立会堂的地下室一度沦为市井流氓的拘留所，二层也有过作为自然博物馆的历史

百科图鉴
自由女神像

1886年10月28日的纽约港礼炮轰鸣，烟花齐放，美国总统克利夫兰主持揭幕仪式，将自由女神雕像接到美国，并置于自由岛上。自由女神像气宇轩昂、神态勇毅，被认为是美利坚民族的标志。

遴选标准

1984年根据文化遗产遴选标准C（Ⅰ）（Ⅵ）被列入《世界遗产名录》。

介绍

对很多美国的移民来说，自由女神像是美国的象征。

自由女神像最初是法国人塑造的。1884年7月4日它被当作赠予美国人民的礼物正式送给了美国大使。然后，女神像被拆散装箱，用船运到纽约，再重新组装到贝德娄岛（现在的自由岛）上。

由美国建筑师理查德·莫里斯·亨特设计的女神像基座高47米。女神像本身高46米，所以火炬的尖端高出地面93米。女神像重达229吨，腰宽10.6米，嘴宽0.91米，擎着火炬的右臂长12.8米，仅一个食指就有2.4米长。女神像的脚上是象征推翻暴政的断铁镣，左手握著一本美国《独立宣言》，她头冠上象征自由的七道射线代表七大洲。女神像体内还有螺旋形阶梯，能够让旅游者登上神像头部，其高度相当于一栋12层高的楼房。

法国政治改革是自由女神像诞生的原动力。1865年拿破仑三世登上王位。有一位名叫埃杜阿德·迪·拉布莱的学者及他的朋友们都期待结束君主制度，建立一个新的法兰西共和国，他们策划制造一个自由女神像来表达他们对大西洋彼岸的伟大共和国的称赞，也用来激起法国人民和美国人民相互间的感情。

年轻雕塑家弗雷德里克·奥古斯梯·巴托尔蒂在拉布莱的鼓励下开始思考此项工程的设计。他以最大的热忱筹划这项工程。他的自由女神像受到了德拉格罗伊克斯的名画《自由神指引着人们》的启示，而女神的脸则取材于他自己母亲严峻的面庞和神态……

自由女神像基座内还设计了介绍美国移民历史的博物馆，并于1972年开馆。馆内第一部分介绍了在美国居住的印第安人的先祖，讲述他们从亚洲越过太平洋来到这块大陆。然后介绍了现代的大规模移民情况。通过影视播放、展示模型等大量的材料介绍来到新大陆的群体，其中还有作为奴隶被贩来的西非人，以及19世纪移民来的爱尔兰人、意大利人和犹太人。爱玛·拉扎露丝从自由女神像得到灵感，写下了著名诗篇《新的巨人》。

1892年以来，不断有移民船抵达自由岛旁的埃利斯岛。后来，移民站曾一度被关闭。现在正在修复之中，不久以后将成为国家纪念馆。

评价

自由女神像是由法国雕塑家巴托尔蒂在巴黎雕塑完成的，然后在埃菲尔的帮助下制成了金属制品。这个象征着自由的建筑物是法国在1886年庆祝美国独立百年时赠送给美国的礼物。从那时到现在，这个高高耸立在纽约港口的自由女神已经迎接亿万移民来到美国这个自由之邦。

——世界遗产评定委员会

自由女神像全称为"自由女神铜像国家纪念碑"，正式名称是"照耀世界的自由女神"

百科图鉴
黄石国家公园

提起黄石国家公园,人们就会想起它独特的地热现象,这种地质景观奠定了黄石国家公园的自然景观和生态地位,这里有多于世界其他地方的间歇泉和温泉,以及黄石河大峡谷、化石森林等,这些独特之处使黄石国家公园成为世界上第一座以保护自然生态和自然景观为目的而建立的国家公园。

遴选标准

1978年根据自然遗产遴选标准N(Ⅰ)(Ⅱ)(Ⅲ)(Ⅳ)被列入《世界遗产名录》。

介绍

凭借这里的文化遗迹能够判断黄石公园的文明史可以上溯到12 000年前。而比较近的历史能够从这里的历史建筑还有各个时期保存下来的公园管理人员记录,以及游人使用的公用设施等体现出来。

公园占地8 806平方千米,这里99%的面积都还没有开发,因此许多生物种类得以繁衍,这里拥有陆地上数量最大、种类最多的哺乳动物群。

黄石公园处于完完全全的自然状态,是保存在美国50个州中罕见的大面积自然环境之一,

美洲

在这里，你能够真实地感受大自然的魅力。每年6～8月是旅游的高峰时期，公园为了保护游人的安全，保护所有的自然文化遗产，出台了许多规章制度。公园的主体部分位于怀俄明州的西北角，有一小部分延伸到蒙大拿州西南部和爱德华州的东南部。

黄石公园在1995年被列入《濒危世界遗产名录》。使人忧虑的是，由于黄石河流域矿藏开采的影响，公园的遗址受到隐性的威胁。而使公园受到威胁的原因还有污水的渗漏以及废弃物的污染；非法引进的外地湖泊鲑鱼和本地黄石鲑鱼的生存竞争；道路修建与年复一年游客们的到来给公园带来的压力。为了根除兽群中普鲁氏菌病而实施的控制措施，也对野牛存在潜在威胁。美国官方指出，所有这些问题都需要受到高度重视而且要采取相应的措施来减少损失。

美国总统于1996年9月声称要通过一项大家都认可的关于矿藏开采的决定。国家决定斥巨资来彻底根除黄石公园所受到的潜在威胁。其他相关治理措施以及对黄石公园可能造成的威胁的报告也已上交到世界遗产委员会。目前，美国政府已采取切实措施来保护黄石国家公园。

依据1872年3月1日的国会法案，黄石公园"为了人民的利益被批准变成公众公园和娱乐场所"，同时也是为了使其中所有的树木、矿石的沉积物、自然奇观和风景，还有其他景物都保持现有的自然状态从而免于破坏。黄石公园可以称得上是世界上最原始、最古老的国家公园。

评价

在广阔的怀俄明州自然森林区内，黄石国家公园占地8 806平方千米。在那里可以看到令人惊叹的地热现象，而且还有三千多眼间歇泉、喷气孔和温泉。黄石国家公园设立于1872年，它还因为拥有灰熊、狼、野牛和麋鹿一类的野生动物而闻名中外。

——世界遗产评定委员会

百科图鉴
历史名城墨西哥

墨西哥城坐落于阿纳瓦克山谷中部，被高耸的火山顶峰包围。墨西哥城建于14世纪，具有重要的政治和文化功能，是阿兹特克人的国家首都和联邦地区的主要城市。

遴选标准

1987年根据文化遗产遴选标准C（Ⅱ）（Ⅲ）（Ⅳ）（Ⅴ）被列入《世界遗产名录》。

介绍

阿兹特克人于14世纪在墨西哥山谷定居，并于1325年建立了他们的首都，当时此地叫作特诺奇蒂特兰城（后来的墨西哥城）。阿兹特克人心目中的神圣城市被城墙环绕成为一个整体，人们还把运河和漂浮公园设置成网络形状使城市的布局更加规整。

阿兹特克部落的繁荣时期出现在15世纪，那时帝国达到了发展的鼎盛时期，控制着伸展到墨西哥湾的贸易往来。

1519年，西班牙人考尔特和他的部队跨过关口来到山谷中寻找黄金。在这一时期，莫克特朱马二世的城市是新世界中最有地位的城市建筑。在宗教改革之后，殖民者考尔特与阿兹特克人仇视的部落合作，于1521年攻陷并洗劫了特诺奇蒂特兰城。

考尔特在特诺奇蒂特兰城取得的胜利保证了新首都墨西哥城市的建设。

墨西哥城的历史中心是邻近马约尔神庙的四边形广场佐卡罗广场，佐卡罗广场建在早期特诺奇蒂特兰城的城市广场的基础上，墨西哥城中的赫霍奇米尔科公园则见证了阿兹特克人的湖上作业。墨西哥城按照直线坐标图规划城区，在早期的堤坝上勾画出要道的外形。西班牙人建设的新城没有城墙，而是用水道环绕城市作为防御。

墨西哥城中心的殖民地建筑呈现出连贯的整体性，并且采用一种火山原料来加强其结构。建在佐卡罗平坦的空地上的建筑物风格从巴洛克式到新古典式风格各异。同时马约尔神庙附近的废墟也见证了特诺奇蒂特兰城不同的发展阶段。

14世纪—19世纪，特诺奇蒂特兰城和墨西哥城对当时建筑的构思和艺术手法、空间的组织产生了决定性的影响。马约尔神庙残存着已逝的文明传统。由于墨西哥城的线性式规划，广场和街道布局匀称、宗教建筑富丽堂皇，堪称新世界西班牙人建筑的杰出典范，赫霍奇米尔科公园的湖上景观成为仅存的西班牙人占领之前的文明证据。

如今的墨西哥城，既保留了浓郁的民族文化色彩，又是一座绚丽多姿的现代化城市

评价

16世纪时，西班牙人在特诺奇蒂特兰的废墟上建成了阿兹特克首都。今天这个城市是世界上面积最大、人口最稠密的城市之一。除了五座阿兹特克庙宇之外，这里还有大教堂，以及19世纪和20世纪建造的大厦，如精美的艺术品。赫霍奇米尔科城南有密集的运河和人造岛屿，阿兹特克人通过不懈地努力在艰苦的环境中建立了一个适于人类居住的地方。

——世界遗产评定委员会

百科图鉴
波波卡特佩特火山坡上的修道院

波波卡特佩特这个名字起源于一个美丽的爱情传说，在这座伫立墨西哥城东南部的山峰上，有许多西班牙人修建的修道院。时至今日，修道院已经成了历史和文化的标志被载入史册。

遴选标准

1994年根据文化遗产遴选标准C（Ⅱ）（Ⅳ）被列入《世界遗产名录》。

介绍

墨西哥城东南约七十千米处伫立着两座雄伟的山峰，它们是波波卡特佩特火山和伊斯塔西瓦特尔火山，在阿芝台克语中波波卡特佩特的意思是"冒烟的山"，这座高5 452米的火山现在正处于休眠状态，经常会喷发出大量的烟云。阿芝台克语中伊斯塔西瓦特尔的意思是"睡美人"或"白衣少女"，这是一座熄灭的火山，高为5 286米。在这两座山峰的高处人们发现了许多庙宇的废墟，这些建筑废墟的存在说明了这两座山峰在阿芝台克人或者更早的宗教文化中占据着显要的地位。这里在被征服前流传着一个动人的传说，波波卡特佩特是一位优秀的武士，他爱上了美丽的伊斯塔西瓦特尔，当这对恋人向酋长表明心迹时，酋长告诉他们，只要波波卡特佩特能够战胜与他竞争的部落，他就同意这桩婚事。波波卡特佩特义无反顾地奔赴战场与敌人厮杀。另一个求婚者在波波卡特佩特不在公主身边的时候到处散布谣言说波波卡特佩特已经战死在杀场，年轻的姑娘信以为真，不久就悲伤而死。波波卡特佩特胜利归来后，发现心爱的姑娘已经去世，便把心上人的遗体安置在一座看起来像一位正在睡觉的少女的山上，这座山就是伊斯塔西瓦特尔峰，这位从悲伤中挣扎着爬起来的英雄攀上了邻近的一座山峰，手持着冒烟的火炬深情地守望着他心爱的恋人。

西班牙人占领墨西哥后不久，圣芳济会的修道士们修建了一系列的修道院和教区，希望以此来改变当地人的宗教信仰。第一批建筑中，有一座位于波波卡特佩特火山脚下，这座建筑是为供奉大天使迈克尔而修建的。修道院坐落于古代一个繁华小镇中心的土墩上，带有围墙的院落将其与繁华的街道分开。这座修道院以其诸多的16世纪的艺术、建筑方面的杰出作品而著称于世。修道院中有中世纪风格的精雕细琢的小礼拜堂、带有摩尔人风格的拱形门、门上饰有雕刻精美的锁眼罩的圣芳济会的教堂以及修道院。教堂北门的装饰最为精妙，上面雕刻有曼奴埃尔式的装饰物，其装饰的复杂精细反映了圣芳济会的修道士们对其教堂北门的重视。

在这些古迹中，16世纪的修道院壁画格外引人注目，其中还有表现高尚纯洁的素描图案。有知名圣徒们接受上帝临终遗嘱的场景画面，有12圣徒跪拜的图画，也有描绘一队带着面纱的17世纪的苦行修道士围绕在耶稣受难纪念广场举行祭奠活动的场景。

除此以外，修道院教堂内现存的最好的物品可能要数庄重的16世纪末的祭坛了。祭坛是由雕刻家兼画家西蒙·佩雷恩斯设计完成的，由四个主要平台构成，祭坛高高伫立在教堂避难所的最高圆顶上。它的7个极角由镀金的带有复杂花叶形图案的圆形柱组成，图案主题围绕着耶稣的生平展开。这些雕像个个精美绝伦，耀眼的镀金涂层和彩绘艺术令人目不暇接。

评价

该遗址位于墨西哥城的东南方，包括建于波波卡特佩特火山坡上的14座修道院，至今保存完好。遗址的建筑代表了首批修道士弗朗西斯科、多米尼科和奥古斯廷诺时的风格，他们于16世纪初期将基督教传播给当地的土著。

百科图鉴
圣弗兰西斯科山脉岩画

加利福尼亚的干旱半岛处于边远地区,并且气候恶劣、地形复杂,再加上考古学家对该地区缺乏研究,致使人们对该地知之甚少。这可以说是令人遗憾的事情,但也许正是当年的这种不为人知,才使当地形成了今天如此独特的文化。

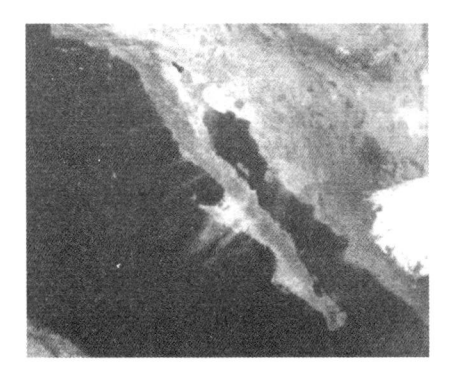

遴选标准

1993年根据文化遗产遴选标准C（I）（III）被列入《世界遗产名录》。

介绍

加利福尼亚的干旱半岛独特的文化价值在于它为研究史前人类的生活提供了大量参考和佐证。在这些文化中有一个非常吸引人的文化遗迹存在于半岛腹地的圣弗兰西斯科山脉地区。在半岛南部的瓜德罗普岛的山脊地区,史前猎人聚居区中的人似乎有画纪念画的习惯,这与附近地区的传统不大一样。世界上最大的岩画艺术在这里被发现,这些肖像画秘藏在峡谷里的岩石隐蔽处,主要用红色、黑色和白色描述人和动物的形象。这笔巨大的人类文化遗产已经受到了人们的重视,1993年12月圣弗兰西斯科山脉岩画

被列入联合国教科文组织的世界文化遗产名单中。

这些岩画中的人物或动物通常比实际的尺寸要大得多，画面中的动物基本上都处于一种生龙活虎的运动状态，而人物则往往呈现出呆板的神态。数以百计的岩画遗址保存在半岛的中部，这里的气候极为干旱，年降雨量不足100毫米。现在的圣弗兰西斯科山脉一片荒凉，但岩间的壁画却向人们展现出这片区域昔日的热闹场景。岩画告诉我们这里曾经有野生动物生活，例如驼鹿、大角羊、叉角羚、美洲狮和野兔等等，甚至还有鸟类和海洋动物。绘制岩画所需的颜料来自当地的矿物资源，主要色彩有红、黑、白、黄。图案通常由白色颜料画边框，边框内或填满色彩或画上彩色的条纹，许多人或动物的身上都带着箭或者矛。加利福尼亚大学的研究人员在1992年—1994年所做的工作，使人们了解到这些岩画的作者是史前在这个岛上居住的人们。

圣弗兰西斯科山脉岩画色彩艳丽，线条优美，可见远古人类雕刻技艺的高超

系统地调查和精心选择的挖掘地点和露天的岩画使人们逐渐对这些画和它们的作者有了更多的了解和认识。放射性测年研究表明这些遗址主要繁荣于距今1500年—500年。这些画在两个方面给旅行中亲眼看见它们的人留下了深刻印象，一方面是浓烈的色彩清晰地保存了下来，另一方面是这些画都绘在现在游人所不能触及的地方。于是人们推测这些高于地面9米处的岩画是利用脚手架完成的，要不然我们只能想象作画者用的是一把长度惊人的刷子。

目前人们对岩洞观察发现，其中的岩画正呈现出令人担忧的迹象，这些岩洞是由水或者风的侵蚀作用形成浅的冲沟发展起来的，有时大块的火山角砾岩支撑不住下部被侵蚀地层，岩洞可能会垮落下来，换言之，形成这些岩洞的过程同时也会变成毁灭这些岩洞的过程。现代保护者们的一个重要的任务就是测定岩洞恶化的速度并采取办法减缓这一过程。

百科图鉴
卡拉科姆鲁的玛雅城

卡拉科姆鲁位于南坎佩切森林中心，离危地马拉边界只有 30 千米。这个考古地点是 1931 年第一次被美国生物学家赛勒斯·伦德尔在航天测量时发现的。

遴选标准

2002 年根据文化遗产遴选标准 N（Ⅰ）（Ⅱ）（Ⅲ）（Ⅳ）被列入《世界遗产名录》。

介绍

卡拉科姆鲁的纪念碑是玛雅文化的典型代表，为这个城市的政治发展和文化积蓄作出了很大贡献。同时卡拉科姆鲁展现给世人一系列保存完好的纪念碑，这是 12 个世纪以来玛雅文明建筑、艺术和城市发展的典型代表。

它是最大的玛雅文明遗址之一，占地大约七十平方千米，在鼎盛时期拥有 50 000 人口。市中心的北侧有厚厚的城墙，大概是最重要的军事防御建筑。

卡拉科姆鲁是人类居住建筑发展重要时期的典型代表。如今向游客开放的区域可分为两部分：第一个部分是被Ⅱ号—Ⅷ号建筑包围的大的开阔活动中心广场；第二个部分是坐落在卡拉科姆鲁中心的西北方向的大雅典卫城。

中心广场（Ⅱ号—Ⅷ号建筑）：中心广场的南面是Ⅱ号建筑，这个锥形的平台建筑是卡拉科姆鲁的第二大平台，以在其顶端能看到开阔的景观而闻名于世。整座平台占地面积是 140 平方米，高 55 米。

美洲

探测结果显示：最早的建筑可以追溯到前古典时期的晚期，而锥形建筑的最终的建造阶段则延伸到了古典时期后期。

Ⅱ号建筑的下面有一组雕刻的纪念碑，其他一些散落在建筑的内部。卡拉科姆鲁最早的注明日期的两个纪念碑与平台连接。这两个纪念碑为43号石碑和最近才发现的114号石碑。

在Ⅱ号建筑上面，有一个古典时期修建的宫殿。这个宫殿（Ⅱ号建筑B区）有9个带有38个壁炉的房间，一些磨谷物用的磨盘，一个拥有壁龛的高台，一个祭坛和一些坟墓。

Ⅵ号建筑，侧面与中心广场的西面相接，最初也是前古典时期后期修建的。这个建筑物后来重建，与Ⅳ号建筑统一起来横跨广场。Ⅲ号建筑坐落在中心广场的东南郊外，在20世纪80年代后期被发掘。它是一个宫殿建筑，有12个房间，可供20个~30个人使用。Ⅱ号建筑B区的磨盘、壁炉和烹饪用的器皿证明这里曾是宫殿的厨房。

Ⅲ号建筑内的带顶的坟墓现在被推测建于公元5世纪。坟墓的上方通过一个小管道与宫殿互相连接。在坟墓内部，考古学家发现了一具男尸，死时应有30岁。尸体放在一个编织席上，尸体上抹有一层红色颜料，脸上戴着一个镶花的翡翠面具。考古学家们得出结论，这个坟墓的主人应该是卡拉科姆鲁的早期统治者之一。与玛雅其他建筑不同的是，这个建筑在后来的历史中没有经历重大的变故或被占领。

评价

卡拉科姆鲁是修建在墨西哥南部的铁拉斯巴扎斯的热带雨林深处的一个重要的玛雅遗址，在这个地区十二个多世纪的历史中扮演着关键的角色。雄伟的建筑结构及其独特的整体布局保存得相当完好，给世人展现了一幅鲜活的古玛雅首都的生活画面。

——世界遗产评定委员会

百科图鉴
科潘玛雅遗址

科潘玛雅古城的遗址坐落在首都特古西加尔巴西北部大约二百二十五千米处,位于危地马拉边境附近。遗址位于 13 千米长、2.5 千米宽的峡谷地带,海拔 600 米,占地面积约为 0.15 平方千米。这里山环水绕,土壤肥沃,到处都是茂密的森林。

遴选标准

1980 年根据文化遗产遴选标准 C（Ⅳ）（Ⅵ）被列入《世界遗产名录》。

介绍

科潘是玛雅文明中最古老、最大的古城遗址。广场上有金字塔、庙宇、雕刻、石碑和象形文字石阶等建筑,这里是非常重要的考古地区,因此吸引了许多外国学者来到这里进行考古研究,同时这里还是洪都拉斯境内主要的旅游点之一。

大约在公元前 200 年,科潘是当时王国的首都,也是当时的科学文化和宗教活动中心。1576 年,这处淹没在草木丛中的古城遗址被发现。遗址的主要部分是宗教建筑,其中包括金字塔祭坛、广场、6 座庙宇、石阶、36 块石碑和雕刻等。外围是 16 组居民住房的遗址。玛雅祭司的住处是最接近宗教建筑的,其次是部落首领、贵族及商人的住房,最远处就是平民百姓的住房,这样的布局体现了阶级社会中等级制度的宗教特点,以及宗教祭司的无上地位。

在广场附近,一座庙宇的台阶上矗立着一个代表太阳神的人头石像,上面刻着金星;另一座庙宇的台阶上,是两个狮头人身像,雕像的一只手攥着几条蛇,另一只手握着一把象征着雨神的火炬,嘴里还叼着一条蛇。在山坡以及其他庙宇的台阶上,竖立着一些硕大的、有

美 洲

各种表情的人头石像。传说，玛雅人的第一位祭司，即象形文字和日历的发明者伊特桑纳死后被雕刻成众神中的主神供奉在这里。另一座长1.22米、高0.68米的祭坛上，雕刻有四个盘腿对坐的祭司。他们身上刻有象形文字，手中都拿着一本书。在这座祭坛的雕刻群中，有许多用黑色岩石碎片镶嵌成花斑状的石虎和石龟。在广场的山丘上还有一座祭坛，高30米，共有63级台阶，台阶是由2 500块刻着花纹及象形文字的方石块垒成的，石阶两侧雕刻的是两条倒悬的花斑大蟒。在广场的中央，是两座由地道相通、分别祭祀太阳神和月亮神的庙宇，庙宇各长30米、宽10米。墙壁门框中绘着形态各异的人像浮雕。在两座庙宇之间的空地上，耸立着14块石碑，这些石碑是在公元613年—783年建造的，所有的石碑都是由整块的石头雕刻而成，高低大小各不相同。石碑上面刻满了具有象征意义的雕刻和大量的象形文字，在所有的人物雕像中，只有一个看起来像是女性，这从侧面反映出当时妇女地位较低的社会现实。

科潘玛雅遗址是玛雅文明最重要的地区之一，有着宏大的建筑，还有丰富的象形文字，是极少数起源于热带丛林的文明的例证

科潘玛雅遗址中，居然还发现了一个面积约三百平方米的长方形球场，球场以石砖铺设地面，两边各有一个坡度较陡的平台，现在台上还有建筑物的痕迹。据考证，科潘的玛雅人在举行祭祀仪式时，常常需要进行一场奇特的球赛，通过比赛活动来选拔部落中的勇士。

评价

1570年被迭戈·加西亚·德·帕拉西奥发现，科潘是玛雅文明最重要的地点之一，直到19世纪才被挖掘出来。它的中心地带和壮丽的公共广场体现了它三个重要发展时期，早在10世纪初期的时候，这座城市就被废弃了。

——世界遗产评定委员会

世界遗产百科图鉴

百科图鉴
帕拉马里博古城

帕拉马里博是苏里南 17 世纪的首府，整座古城风格十分雅致，那里有荷兰、法国、西班牙、英国等各式殖民地建筑。

遴选标准

2002 年根据文化遗产遴选标准 N（Ⅱ）（Ⅳ）被列入《世界遗产名录》。

介绍

帕拉马里博古城是唯一一个在 16 世纪—17 世纪，这个地区殖民化很深的年代里，保持荷兰的欧洲文化与本地文化，以及南美洲环境之间互相联系的城市。

恢宏的砖结构建筑俯瞰着绿色的广场，木制的房子挤满了狭窄的街道。高耸的棕榈辉映林荫道，红树林排布在河岸两旁。清真寺和犹太教堂耸立，爪哇小贩沿街叫卖当地特产烤肉，夹杂着荷兰语口音的人们坐在路边畅饮啤酒。帕拉马里博中心区是总统宫殿前面的团结广场。宫殿后面是帕尔门图因，热带鸟类将巢筑在拥有高大棕榈树的漂亮公园里面。东面是泽兰迪亚堡垒，它是 17 世纪的河畔军事要塞，现在是用来拘留和拷问政治犯的地方。主要市场分布在林荫大道的河畔一侧，河的另一边用于集会，与渡口离得很近。

独立广场的总统宫殿位于苏里南河附近城市的原城镇中心。那里最明显的建筑物是总统宫殿。白色宫殿修建于 18 世纪上半叶，但是许多部分都是后来增加的。

帕拉马里博古城是欧洲使用南美的原材料和创造新建筑风格的工艺逐渐融合的一个特例。

帕拉马里博的众多建筑都是木制的，在独立广场也能够发现一些砖构造建筑，例如建于1836年的财政部，它是一座白顶的红色建筑。当时苏里南是荷兰的殖民地。这里还有许多古老的木制建筑都是用红砖来打基础的。在财政部的前面是苏里南最有名的政治家、首相约翰·阿道夫·彭赫尔的雕像。漫步在格劳特大道，走在这条大道和苏里南河之间，我们能够看到棕榈花园。

在克雷恩大道和花园之间的那片区域有众多纪念碑，其中最有名的是泽兰迪亚堡垒。这座堡垒有三百五十多年的历史。它建于法国殖民时期，英国殖民时期这座堡垒被修缮，后来用于荷兰殖民时期。1667年命名为现在的名字。在20世纪堡垒是当作博物馆用的。从1981年—1992年，它被苏里南军队用作军事基地。如今军队已经从堡垒撤退，它似乎又要再一次成为博物馆了。

从泽兰迪亚堡垒沿着河穿过河畔的林荫大道，你看到的建筑是1821年—1832年城市大火之后重建的。右边能够看到古老的警察办公室遗址。这座建筑物于1980年被毁坏。

在克克普雷恩中心，可以看到仿原型修建的教堂。教堂是1837年建成。建筑包括8个侧面，十分像1821年在城市大火中毁坏的原教堂。教堂的左侧可以看到帕拉马里博最好的邮政大楼。

评价

帕拉马里博是一个17世纪—18世纪荷兰在南美洲热带海岸建立的殖民据点城镇典型。原始的、有民族特色的历史中心区街道设计格局保存得完整如初。这里的建筑物用实例说明了荷兰建筑设计与当地传统技术和原料的逐渐融合。

——世界遗产评定委员会

百科图鉴
马丘比丘古神庙

诞生于15世纪的马丘比丘是一个崇拜太阳并有着神秘的宗教仪式的民族的居住地。在马丘比丘，女性人数多于男性。马丘比丘意为"古老的山巅"，位于乌鲁班巴河上方457米的秘鲁境内的安第斯山上。

遴选标准

1983年根据文化遗产遴选标准C（Ⅰ）（Ⅲ）、N（Ⅱ）（Ⅲ）被列入《世界遗产名录》。

介绍

美国耶鲁大学的考古学家海拉姆·宾汉在1911年发现这一遥远的、占地200平方米的古迹时，他确信自己找到了维卡班巴——盛传的印加人最后的避难所。自从西班牙征服者从印加的都城库斯科驱逐了印加帝王之后，他们在这里避难了36年。这些工程很壮美，这一点毋庸置疑，但是宾汉当时发现的这些遗迹以及推断，如今却被认为是错的。马丘比丘的真实名称以及关于该地的种种说法，如今看来，都只是推测而已。

这里与其说是个城市，不如说是个宗教活动的聚集地。它建成的年代至今仍是未知数，不过据推测是建于15世纪末，印加帝国向外扩张势力的鼎盛时期。有人推测说这里至少有一千五百人居住过。从挖掘出的头骨，推断出其女性人数与男性人数的比例为10：1，这一点支持了以下的推测：这里曾是个宗教祭奠活动的场所，这里的人们都尊崇太阳，因此女人被视为太阳的贞女。

美洲

对于马丘比丘的人们尊崇太阳的推测，还出自另一个发现，就是一座被称为"拴住太阳的地方"的建筑。据猜测这是用来计算很多重要日期的，如夏至、冬至等。它的名字可能与一种庆典有关，因为据称在冬至那一天太阳要被定在这里。而且在太阳塔上，也好像曾有对太阳系的观察与研究。那个塔是个马蹄形的建筑，朝东的一扇窗子设计独特，它在冬至那一天，能够抓住太阳的光线。每当夏至或冬至日，印加人就在此举行太阳节的庆典活动。

海拉姆·宾汉评论说，马丘比丘的砖石建筑是令人无法相信的奇观。当地人把巨大的花岗岩石块垒建在一起，却又不使用砂浆，各种不同形状的石块，竟然被如此巧妙地相互契合起来，筑成石墙，使人无法觉察到石块间的接缝，看上去，它们就像是一块完整的巨石。当宾汉来到这里时，这座被遗弃了数百年之久，又被森林覆盖的古城，已是满目疮痍，唯独其石砖建筑结构依然完好，令人不可思议。

有人断言印加人不可能在没有铁制工具，没有马畜，没有车轮的年代里，建造出如此精妙的砖石建筑，他们的确是极具智慧的民族。虽然如此，若没有切割与运输整块巨石的可用工具，也是无法建造出马丘比丘来的。鉴于这一点，许多人认为这是外星人光临的奇迹，或是上天之灵的创造妙说。虽然人们迄今无法断定马丘比丘是怎样建造而成的，但是它的存在，使人们想探知更多的秘密，以及关于创造了这一伟大奇迹的那些神秘而又充满了智慧的先祖的一切。

评价

马丘比丘古庙坐落在一座非常美丽的高山上，海拔2 430米，为热带雨林所包围。该庙应该是印加帝国全盛时期最辉煌的城市建筑，那巨大的城墙、台阶、扶手都好像是大自然的鬼斧神工形成的一样。古庙矗立在安第斯山脉东边的斜坡上，环绕着亚马孙河上游的盆地，那里的物产十分丰富。

——世界遗产评定委员会

世界遗产百科图鉴

百科图鉴

拉帕努伊国家公园(复活节岛)

挪威考古学家兼人类学者海约达赫尔对复活节岛进行了富有建设性的研究。他用西印度轻木做成木筏,用芦苇做船,在海上成功地进行了远洋航行。

遴选标准

1995年根据文化遗产遴选标准C(Ⅰ)(Ⅲ)(Ⅴ)被列入《世界遗产名录》。

介绍

迄今为止,人们已知道印加社会前期,玻利维亚境内的的喀喀湖附近的蒂瓦那河与复活节岛之间的文明曾有过交流。另外,复活节岛与秘鲁也似曾有过联系。据说,西班牙征服者在秘鲁曾听说有一个遥远的岛国文明十分昌盛。最初的探险者们在复活节岛发现了芦苇,还有一些蔬菜,如马铃薯、丝兰等,这类植物原先都生长在南美洲一带。传说,复活节岛有两拨居民,一拨是来自东方长着长耳朵的人,一拨是来自波利尼西亚长着短耳朵的人。

复活节岛是个火山岛,形状有点像三角形,体积为6 912立方千米,独自静静地躺在太平洋中,离其他人类居住的地方有千米之遥。1722年,当欧洲人在复活节那天第一次登上此岛时,首先见到的便是那些围绕着小岛排成圆形的数量惊人的巨大石雕,它们神情专注地凝望着远处的大海。岛上的人们友好地举着火把欢迎这些登陆的不速之客。在火光映照下,船长罗杰芬与他的荷兰船员们发现这些岛民有三个人种:黑人、红种人和长着红发的白种人。他们中有些人在长得特大的耳垂上戴着银盘般的耳环。这些人看起来好像很敬畏巨大的雕像。

1770年,一队西班牙探险者从秘鲁出发偶然路过此岛时,也曾有过相同发现。然而时隔4年,当库克船长到来时,情形就大不一样了。原本友好的岛上,站满了手持木棍与长矛,满怀敌意的人们。那些巨大的石雕也被推翻在地。到了19世纪,这里成了奴隶贩子们的活跃之处。直到复活节岛上的文明被践踏、摧残,即将遭到毁灭的时候,西方世界才开始对这里的一切进行研究。

后来在岛上发现了刻有象形文字的木板。这些留存下来的木板刻有的文字是被当地人称为"荣戈—荣戈"的经文。经文中的象形符号的含义,仍是不解之谜。

复活节岛上最神秘的还是那七百多个巨形石雕,当地人称其为"莫埃"。多数高约4米~5米,重4吨~5吨,还有更大的,足有20米高,重达80吨。这些雕像头很大,下巴外突,耳朵很长。有些石雕顶部有块红岩石,就像是另外戴了一顶"帽子"。

古代复活节岛上的人们究竟用了什么方法,才成功地搬动了这些笨重的石雕呢?调查表明石像重心不高,所以只要15个人用绳子便能将其举起并迅速移动。关于石雕的制造与搬运似乎已不再是个谜了。但是人们仍然想不通的是:石雕究竟代表什么?代表神灵,还是代表复活节岛岛民的祖先?它们又为何凝望着远方的大海?

评价

"拉帕努伊"是当地人对复活节岛的称呼,复活节岛人使用拉帕努伊语,证明了一种独特的文化现象。波利尼西亚人约在公元300年时在那里建立了一个社会,他们不受外部影响,创建了富有想象力的、独特的巨型雕刻和建筑。从10世纪—16世纪,这个社会建筑了神殿并竖立起了巨大的石像,它们至今仍是一道无与伦比的文化风景,使整个世界为之着迷。

——世界遗产评定委员会

百科图鉴
基多古城

厄瓜多尔首都基多长久以来都是世界闻名的历史中心之一,因此在1978年被收录在联合国教科文组织的《世界遗产名录》中。

遴选标准

1978年根据文化遗产遴选标准C（Ⅱ）（Ⅳ）被列入《世界遗产名录》。

介绍

在西班牙人侵占期间，西班牙贵族邀请建筑师绘制了四方形大庭院的平面图，在庭院周围有房舍。在基多古城中心以及旧城四郊，即便在今天也依然能看到若干幢这种类型的白房子，房顶上面覆盖着因年久而褪了色的红瓦。每间屋子都有一扇铁木结构的大门，穿过它就是宽敞的内院，院内的喷水池四周用灰色铺路石嵌入黄色牛骨，组成各种规则的图案。

这种建筑类型缘起于一种特定的城市规划构想还是缘起于一种城市规划模式，答案仍未可知。可以肯定的是，西班牙征服者就算没受过相关的教育，也都可以称为天生的城市规划人员。无论是在这里，还是在美洲其他城市，他们都是先圈出一块四四方方的中心地带，在四周分别建一座教堂、一座总督官衙、一座主教宅邸和一座市府大厦。然后，征服者与宗教当局对土地进行瓜分，之后才着手绘制像往常一样的街区布局结构图。为了让人们领略古城基多当年的风貌，市政当局正在恢复某些街道原先使用的街名：铁匠铺街、宝石匠街、七十字架街、叹息高地、急流高地、灵魂十字街头、圣母十字街头、蛤蟆十字街头等等。这些狭窄的街道当年是专为通行马匹和大车设计的（值夜街是一条曲曲弯弯的小巷，有老式街灯照明，甚至连火车都进不去），即使是现在的公共汽车司机也要有高超的技术才能通过。

从市中心进而扩展到近郊四野，沿着该城独特的轮廓线，一条条狭窄的街道，两边布满各种小屋，形状像叉开的手指那样伸展开去，直达将近三千米的云端。也许是空气稀薄的缘故，才使得基多人过着那种慢节奏的生活，给人留下了充足的闲暇时间。

基多市长曾经将住宅墙壁刷成白色，门窗的木结构部分则改刷成蓝色，致使该城在一定程度上类似于地中海城镇。后来，不知是谁的创意，墙面颜色又变成了黄色、绿色或蓝色。而在城北住宅区的现代公共建筑中，主打颜色却是混凝土的灰色和玻璃窗的颜色，为的是抵挡住那特别耀眼的阳光，这与世界上其他同纬度地区的情况区别很大。

一、权力的象征。

市长广场又叫独立广场（因为1906年在此处建起了独立纪念碑）或大广场，是基多城市生活的象征。这里从来都是政治传闻和流言蜚语的交换中心，发表不同见解、打水、听管弦乐队演奏或摆好姿势照相……广场已变得比过去更为自由、开放而宁静。当年将广场团团包围住的那些像监狱那样的铁栅栏已被拆除，喷水池对外开放，花瓣片片，人们悠闲地坐在长椅上，欣赏着美丽怡人的景色。

广场的一侧是大教堂。原先那是座并不引人注目的灰泥建筑，自16世纪以来一直在不断地扩建、修缮和装饰。教堂的花格镶板平顶是西班牙摩尔人原作的复制品，它们的建成时间大约在19世纪中叶。与墨西哥和利马的那些大教堂相比，它虽然只能算作"灰姑娘"，但却与

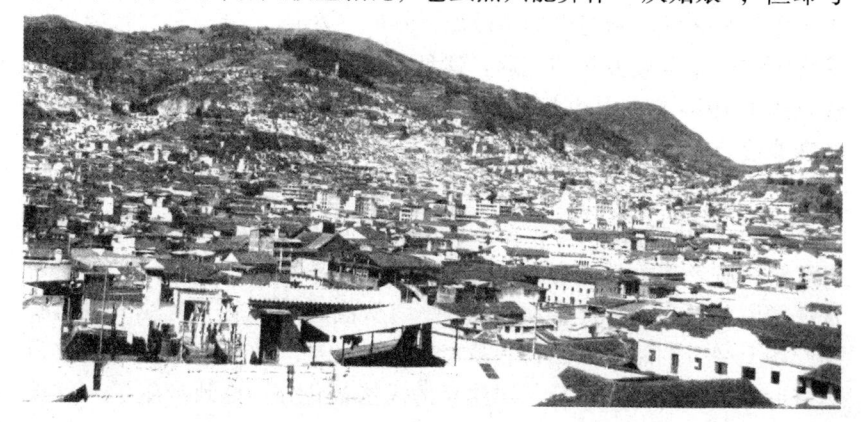

基多古城中的其他教堂一样，能看到一处镀金祭坛，镀金祭坛使这座教堂多了几分贵族气，也与其虔诚信徒的贫穷以及徘徊于大门口的那些衣衫褴褛的乞丐形成了鲜明的对比。

在作为神权代表的大教堂对面，则是作为教会权力象征的大主教宅邸。宅邸正面用罗马数字刻了1852和1920两个时间标记。这座新古典主义建筑物有一个令人惊奇的特点，即在顶楼上建回廊，廊柱对称，由栏杆相接，每根柱头上均有三角形顶饰装点。

总督官衙同样也是新古典主义建筑，在宏大的楼梯间的每一侧，都另有内院。建筑物正面饰有呈四方形的巨大的多立克柱廊，两翼建筑均盖有三角形楣饰。它建成于1830年，恰逢厄瓜多尔共和国宣告正式成立，遂成为殖民时期的最后一项建筑工程。

建筑物的下层（据说那些下层的石块是从远方的一处印加遗址特意运来的）街道上则是许许多多的小店铺，兜售纪念品的小商贩们会向你推销廉价物品，甚至还有仿制的"干缩头颅"，那都是当地传统手工艺人的作品，他们的手艺代代相传，用金银、金属丝、熟铁、木头、蜂蜡和植物象牙来制造这些千奇百怪的小商品。

最离奇的一座建筑物则是市府大厦。1538年，它原先是"国王土地上的一座小屋"，对于黄金满地富可敌国的一座城池来说，这间小屋还只是一处简陋至极的市政厅。这间"小屋"虽经多次重建，但最终仍难逃完全被拆除的厄运。遗址一度被用作停车场。目前的这一建筑建于1974年，其高度、色彩和面积大小均在努力与大广场周边的其他建筑保持一致的风格。

二、建筑风格之集萃。

大约在20世纪末21世纪初，大广场周边建起了一大批风格迥异的建筑：有老式大学，有不再是银行的银行，还有一家旅店，店主通常炫耀说可以为顾客提供便利条件，"从他们的床上"就能清楚地看到广场上举行的阅兵、游行和革命等各种活动。这家旅店可以被称为建筑世界语言的样本：每一层建筑的风格都各异，以致产生了一件被称之为"极端有趣的折中主义作品"。

一度曾是七十字街的加西亚·莫雷诺街，将近二百米的地段上就汇总了16世纪—20世纪的各式民用和军用建筑：拱、列柱、前厅、门廊。宗教建筑的代表则是萨格拉里奥教堂、耶稣会教堂和圣弗朗西斯科教堂。它们中艺术珍品很多——著名的基多派绘画、雕刻和金箔，都是土著艺术家如长斯皮卡拉和潘皮特以及可与苏巴朗相媲美的混血艺术家米盖尔·德·圣地亚哥的作品。

圣弗朗西斯科教堂及其毗邻的隐修院位于基多市中心，它们被戏称为"安第斯山的埃斯科里亚尔"。据说开始修建的时间是在1535年12月6日西班牙人为基多奠基之后的50天，要早于西班牙的埃斯科里亚尔。据说，是魔鬼在一夜之间就造好了教堂前庭，为的是再次抓获摆脱了它控制的受苦灵魂。工程旷日持久地进行，弗朗西斯科的修士们又向国王要了许多钱款去修建钟楼，以致这位国王每天傍晚都要走上他在托莱多的王宫的露台极目远眺，以为他能看到远处的钟楼。后来，一次地震使钟楼化为乌有，只剩下一堆残砖碎瓦。

三、壮丽的山地背景。

皮钦查顶峰守护神以及构成安第斯山脉一部分的皮钦查火山，为基多排布了壮丽的背景。傍晚，从伊奇姆比亚或帕内西略顶峰（印第安人去那儿参拜太阳神，那儿竖立着一尊有翼圣母玛丽亚雕像）往下看，基多城很像一张由光线拼成的国际象棋棋盘，上面铺设了红、黄、绿各色光点。而从圣胡安高地往下，则是光的冰川，那儿是贫民和从农村地区大批拥入的流离失所者的聚居地，至今仍是一片萧瑟的景象。

诚然，人们已经建成了隧道、微型高速公路、平面或非平面的十字交叉口、超级市场、办公大楼，以及缺乏人情味的旅馆，但那仅限于在城北居住区，那里与教科文组织所宣布的"人类的共同遗产"的一部分几乎没有相同之处，只除了靠近大山。基多对于现代化持抵触态度，仿佛希望继续被称为"美洲的佛罗伦萨"或"热带的罗马"似的，但它之所以获得这些殊荣，只是凭借了地理环境的优势。

百科图鉴

孔贡哈斯的仁慈耶稣圣殿

17世纪末期和18世纪早期，丰富的金矿和钻石矿的发现，吸引了大批的探险者来到孔贡哈斯，其中最多的是葡萄牙人。

遴选标准

1985年根据文化遗产遴选标准C（Ⅰ）（Ⅳ）被列入《世界遗产名录》。

介绍

在1700年前后，一些葡萄牙人定居在雷阿尔克卢什（即今天的拉法耶蒂顾问城）。从那里开始，一些人出发去寻找新的贵重金属矿脉，在他们探寻的路上，逐渐形成了一些小村庄，这就是同比村镇的最初由来；也有人相传，这个城镇是由一群矿工建立的，他们为了躲避欧鲁普雷图的饥荒才逃跑出来的，流浪到了孔贡哈斯。

在1734年随着附近河床地区金矿的发现，孔贡哈斯的定居人口一下子激增起来。人们开始定居于一条河流的右岸，17世纪末期人们在这里建造了第一座教堂——罗萨里奥圣母城。当蜂拥而至的淘金矿工们来到这里以后，于1749年开始建造玛特里斯圣母教堂。

马图济尼奥斯的仁慈耶稣宏伟圣殿的建造开始于1757年，圣殿建在一个称为奥托马拉尼昂的小山上。这项工程促进了对河流左岸的开发。一位虔诚的耶稣教徒，建造了这座许愿教堂。当时一流的画家安东尼奥·弗兰西斯科、利斯博阿和阿莱雅丹赫，充分发挥了他们的才干，对建筑工作给予了极大的帮助。教堂的旁边，是12个由皂石做的先知画像和64个大小相等的雕像，这些雕像描述了耶稣在十字架上受难的情景，它们是由阿莱雅丹赫雕刻的。在1985年，联合国教科文组织将这些建筑列为世界遗迹和人类历史文化遗产。

在很多人的不断捐助和努力下，圣殿的建设才成为可能。这些人在淘金的过程中也变得富有起来。从目前公开的1746年的一张记录最大财富的秘密清单中，可以看到其中包括孔贡哈斯村的十户矿工。其中一名矿工更因为开采的金矿石的巨大尺寸而被称为"巴塔泰洛"。

不久，金矿的枯竭导致了这个地区繁华不再，经济开始不景气，只有9月份在马图济尼奥斯宏伟的仁慈耶稣圣殿庆祝期间，这个村庄才会有额外的资金收入。当时，朝圣活动吸引了大量的信徒，使这一活动成为米纳斯吉拉斯州最大的一个宗教朝圣盛会，至今已经延续了二百余年。

在第二次世界大战之后，铁矿的开采又重新给小镇的经济注入了活力，当地人口达到了40 000人。大型矿产开采公司确保了这个城镇成为米纳斯吉拉斯州的主要税收地区之一。

评价

建于18世纪中叶，圣殿由具有意大利风格的豪华的洛可可式内饰的教堂组成，门外的楼梯装饰有先知的雕像，7座小教堂组成十字架的形状，亚历杭德里诺言创作的多彩的雕像富有新颖、生动的巴洛克艺术风格。

——世界遗产评定委员会

世界遗产百科图鉴

百科图鉴
巴西利亚

如果你搭乘飞机在巴西上空飞行至南纬47°、西经15°的时候,从空中鸟瞰下去你会惊奇地发现,地面上也有一架飞机,这儿就是外形设计呈飞机状的巴西利亚。

遴选标准

1987年根据文化遗产遴选标准C(I)(Ⅳ)被列入《世界遗产名录》。

介绍

巴西利亚竣工于1956年(1960年成为首都)。位于富含红土的戈亚斯高原上,海拔1170米,距离海岸1 000千米。作为首都,巴西利亚是巴西的政治中心。建立巴西利亚主要是为了更好地管理巴西的内陆地区。殖民地的过去使得巴西的人口过度集中于沿海地区,并且港口城市在19世纪和20世纪还在不断地扩张。

早在17世纪后期,巴西国内就已经有在国家中心地区建造首都的设想。1922年,巴西独立百年庆典时,政府在选定的位置上竖了一块石碑,标志着这个设想最终成型。1891年宪法就预想到了将来政府要在中心地区

从高空俯瞰巴西利亚新区建筑的布局,仿佛一架将要振翅高飞的喷气式飞机

美洲

巴西利亚是世界城市设计史上的里程碑，有着"世界建筑艺术博物馆"的美称

开辟出一块联邦政府直辖区。1955年，米纳斯吉拉斯州前州长朱赛里诺当选为巴西总统，这时巴西作出了将联邦政府从里约热内卢迁都到巴西利亚的决定。这个决定突显了巴西要求发展、进步的愿望。

巴西花费了五年时间（1955年—1960年）建好了新的联邦首都，并且修建了越过马托格罗索和亚马孙河的公路。这项工程是按照巴西城市规划师卢西奥·科斯塔和建筑师奥斯卡·尼米叶尔的设计来布局的。

巴西利亚的设计初衷来自"科布森"规则，城市的功能经过周密的设计与规划。整体形态由垂直交叉的两条轴线贯穿整个城市，看上去就像一架飞机或者一只大鸟向着西南方向展翅飞翔。主轴线长6千米、宽350米，主要用于行政；商业区与住宅区以教堂和学校为中心分布在四个扇形区里，沿着20千米长的横轴线伸展。两条轴线的交叉点宽度是其他地方的2倍以保证高效的交通管理。"机头"是巴西总统府、联邦最高法院和国会政府首脑机关所在地，"机身"是政府各部门的办公大楼、大教堂，以及国家剧院，向南北两边延伸长达16千米的"两翼"是平坦宽阔的立体公路。

对称的纪念性建筑群使城市显得协调有致并且远景也十分美观。在宽阔的广场中，高耸的摩天大楼方形楼体在圆滑表面的平衡下构成了一幅和谐的城市画面，这已经成为巴西新首都的典范杰作。

评价

巴西利亚在1956年得到许可被确认为国家中心并被作为首都，成为城市设计史上的里程碑。城市规划专家卢西奥·科斯塔和建筑师奥斯卡·尼米叶尔规划设计了整个城市，从居民区和行政区的布置到建筑物自身的对称，巴西利亚被设计成经典的飞机外形，充分体现了城市和谐的设计思想，其中政府建筑显示出惊人的想象力。

——世界遗产评定委员会

百科图鉴
冰川国家公园

阿根廷冰川国家公园包括大量多山的湖区，它由南安第斯山的一个长年积雪的地区和大量发源于巴塔哥尼亚冰原的冰川组成。东部的安第斯山一般都有许多冰川。

遴选标准

1981年根据文化遗产遴选标准N（Ⅱ）（Ⅲ）被列入《世界遗产名录》。

介绍

巴塔哥尼亚冰原占地14 000平方千米，是稍微小于南极洲的巨大冰雪覆盖区。它约占公园面积的一半，共有47个冰川，其中13个流向大西洋。公园内面积不超过3平方千米的冰川约有二百个，它们都不在大的冰原之内。1937年，根据阿根廷105433号令，这一地区被列为保护区。1945年4月28号，冰川国家公园破土动工。1971年10月11日，正式规划成现在冰川国家公园的范围。

阿根廷冰川国家公园里的冰川景观非常迷人。入目所见的冰川，就像你想象的那样：高墙般的巨冰，犹如在山谷中延展，四周雾霭升腾，瑰丽雄奇。冰川大约有四千米长，十六米高。公园管理处修筑了两条不同的观赏路径。其中一条路径是通过巨大的吊车把游客载到高达300米的高处，这时候巨大的冰川好像逼近眼底，令人难以置信，还有一些冰山从你身边漂浮而过。冰川的前部陡峭得令人不可思议，冰川内部由于承受巨大的压力而出现了许多的断裂。从远处望去，整个冰川呈深蓝色。第二条路径面向冰川前进的方向，从一条绝壁上过去，公园的服务

美洲

冰川国家公园内风景绮丽,白色的冰川与翠绿的树木交相辉映,可谓是一大奇景,令人感叹大自然的神奇

机构在这一地区修筑了几条人行道,方便游人领略众多的绮丽景色。人行道虽然很方便但也曾有几个游客由于崩塌的冰体和它们产生的巨大气浪而丧命。

冰川使人惊叹的是它无穷的变化。冰川平均每天大约要移动三十厘米,这段距离听起来觉得并不太远,就是蜗牛走这段距离也用不了太多时间。然而,10分钟以后,你就会听到一声巨响,然后是一块汽车大小的冰块落到海上;连续观察一个小时以后,就有可能会有一块房子大小的巨冰掉下来。冰山在融化以前,基本上能沿下游漂流好几千米。

阿根廷冰川国家公园的植被是由两个界限明显的植被群组成:亚南极的巴塔哥尼亚森林和草原。森林中主要的植物种类有南方的山毛榉树、南极洲假山毛榉、晚樱科植物、苯巴比妥和虎耳草科植物等,还有一种典型品种是醋栗属植物。巴塔哥尼亚草原从东边开始,有一大片针茅草丛,在这中间散布着一些矮小的灌木丛。海拔1 000米以上的半荒漠地区生长着旱生植物垫子草,更高的西部区域则由冰雪覆盖的山麓和冰川组成。

据说,除鸟类之外,还有其他的脊椎动物生活在阿根廷冰川国家公园中。在国家公园中居住着南安第斯的马形驼属哺乳动物,它们居住的区域从未出现过其他动物。别的重要的脊椎动物还有骆马、阿根廷灰狐狸、澳大利亚臭鼬等。公园内记载的鸟类有一百多种,其中比较珍贵的品种有土卫五鸟、安第斯秃鹰、野鸭、黑脖雀等。

评价

冰川国家公园是一个风景奇丽的自然风景区。有险峻矗立着的山脉和大量冰湖,其中有161千米长的阿根廷湖。在湖的远端三条冰河汇合处,乳灰色的冰水流泻而下,如小圆屋顶似的硕大的流冰带着巨大的轰响冲入湖中。

——世界遗产评定委员会

世界遗产百科图鉴
SHIJIE YICHAN BAIKE TUJIAN

欧洲

百科图鉴
伦敦塔

具有罗马建筑风格特点的白塔，是影响整个英国建筑风格的巨大建筑物。伦敦塔是威廉沿泰晤士河建造的，威廉建筑此塔的目的是保护伦敦，同时也能作为一个标志性建筑，证明此地是他的领土。因此，伦敦塔是围绕白塔建造的一个具有历史意义的城堡，也是王室权力的象征。

遴选标准

1988年根据文化遗产遴选标准C（Ⅱ）（Ⅳ）被列入《世界遗产名录》。

介绍

伦敦塔是不列颠群岛最受游客青睐的历史景点，每年要接待250万名参观者。伦敦塔中最有吸引力的场馆是珍宝馆，珍宝馆有全套的御用珍宝在那里展出。1994年3月，伊丽莎白女王二世宣布开放了位于滑铁卢区底层的一个全新的珍宝馆。珠宝陈列在珍宝馆内明亮的玻璃柜中，参观者则在自动通道上缓缓通过。参观者可以通过玻璃柜上方的巨大的屏幕来了解这些珠宝的历史背景，以及它们在加冕典礼中的作用。

加冕典礼的历史要追溯到英格兰王国的爱德华时代。参观者所看到的伊丽莎白女王加冕礼上

欧 洲

的珠宝大多来自1660年或晚些时候的查理二世复辟时期。在奥利弗·克伦威尔执政的短暂王朝中，清高的清教徒们蔑视君主们所配戴的珠宝，便将它们统统卖掉了。几经周折之后，幸存下来的珠宝终于又回到了王室。

顺次展现在参观者面前的有王室权杖、号角和御剑、大主教赠送给君主的饰有珠宝的佩剑、君主用来涂圣油的中世纪金质圣油瓶和油匙、加冕长袍、王冠、节杖和顶上有十字架的圆球；其中爱德华为查理二世制作的金王冠，在现在的授权仪式上仍然使用；覆满贵重宝石的专为维多利亚女王制作的御室王冠只有在召开议会等场合时她才会佩戴，御室王冠下层的十字架上还有大红宝石，顶端的十字架上闪耀着的蓝宝石据说来自忏悔者爱德华本人的戒指。在王室的节杖上，世界上最大的钻石"非洲之星"在闪闪发光。

紧邻珍宝馆的是具有罗马人建筑风格的白塔，白塔最初是由征服者威廉在11世纪末建造的。这位在黑斯廷斯打败撒克逊国王哈罗德的诺曼底国王为了巩固他的胜利而在全英格兰修筑了坚固的城堡。威廉将城堡的地址选在了水运交通便利、自然资源丰富的泰晤士河岸，并于1078年将建筑工程委托给罗切斯特主教贡多尔夫。这一工程在《编年史》一书中被描述为"十分伟大而坚固的马拉丁塔"。伦敦塔

与木制的撒克逊建筑不同，伦敦塔用肯特石灰岩建成，用来自卡昂的白色花岗岩修砌。

白色的伦敦塔的四角建有锥形塔楼，登上塔楼可以俯视四周优美的自然风光。附属结构的修建持续了几个世纪，最终的建筑包括了内场的13个塔和外场的6个塔和棱堡。

从前，陆地上唯一的进口是一座30米宽，有带墙的堤道通向狮塔的堡楼。这里游荡着国王豢养的野兽，塔的总管每天可得到14便士，另外还有6便士用来购买大量生肉，喂养那些狮子、豹子、熊和狼。

今天，狮塔已不复存在，野兽们在1834年被送到了新建的伦敦动物园。现在的入口通过中塔大门，穿过铺于1834年排干的护城河上的另一条窄一些的堤道，直达场边，那里有穿鲜红色上衣和戴黑色高顶皮帽的卫兵站立守卫。

静默地矗立在参观者面前的造型各异的塔能唤起人们内心深处的种种回忆：既有曾经的残暴与痛苦，又有盛大庆典的喜悦，包括王国所有伟大业绩和塔初建成时的情景。对于伦敦塔的最初用途，约翰·斯托在1598年《伦敦巡礼》中有更出色的描绘。

伦敦塔是保卫或控制全城的城堡，是举行会议或签订协约的王宫，是关押最危险敌人的国家监狱，是当时全英国唯一的造币场所，是储藏武器的军械库，是珍藏王室饰品和珠宝的宝库，也是保存国王在威斯敏斯特法庭大量记录的档案馆。

1993年温莎城遭到毁灭性的火灾后，管理伦敦塔的皇家王宫管理处在第二层建了一个安全出口，可将在高峰期多达1000人的参观者通过一个标志明显的通道疏散到安全地带。这里还设置了一个火警检测和警报系统，珍宝馆有

一个可控制全塔的火灾控制中心。

圣约翰的小教堂占据着伦敦塔二层和三层的一部分，白塔里保藏着欧洲最精致的盔甲。亨利八世巨大的盔甲可在顶层的都铎式军械库中看到，文艺复兴时期和中世纪的盔甲在二层展出，马上比武用的盔甲则陈列在一层。

在白塔左侧的一片草地上坐落着另一座塔叫格林塔。格林塔在伦敦塔中处于特殊地位，即这里是维多利亚女王指定断头台的所在地。标牌至今仍然立在那里。亨利国王的两个妻子就因被指控而葬身于此。格林塔成为那些觊觎王位的最高人物的断头台。

每晚十时会举行古老的锁门仪式。仪式由一名看守长在一名中士和三名卫兵的护送下进行，他们身穿鲜红上衣，头戴黑色高顶皮帽。看守长首先将最外面的大门上锁，然后锁上中塔的大门，最后是边堡的门。回到内城后，一名持剑军官向他挑战。卫兵们拿出武器，看守长则举起他的都铎式帽子高呼："上帝保护伊丽莎白女王！"

钟声报时了，一名号手吹响了"夜点名号"，回声在黑夜中清亮绵长……

伦敦塔的历史已近千年，它的作用却在不断地变化：城堡、王宫、宝库、火药库、铸币厂、监狱、动物园，直到现在成为伦敦观光区。

评价

具有罗马建筑风格特点的白塔，是影响整个英国建筑风格的巨大建筑物。伦敦塔是威廉沿泰晤士河建造的，目的是保护伦敦，并宣称此地是他的领土。伦敦塔是围绕白塔建造的一个十分有历史意义的城堡，也是王室权力的象征。

——世界遗产评定委员会

百科图鉴
布拉格历史中心

布拉格建于公元9世纪，位于波希米亚中心地区，伏尔塔瓦河与易北河交汇处上游的一个河流转弯处。

遴选标准

1992年根据文化遗产遴选标准C（Ⅱ）（Ⅳ）（Ⅵ）被列入《世界遗产名录》。

介绍

布拉格作为历史上的艺术、贸易、宗教中心，是西欧与斯拉夫世界之间进行交流的门户，更是早期许多商路的交叉点。

公元870年，人们在伏尔塔瓦河北岸一个小丘上修建了第一座城堡，在河上游的一处凸出地带修筑了第二座城堡，也就是费塞拉德城堡。

从公元10世纪起，当地的人们对两座城堡间的地区进行了开发。到了普热美斯王朝时期，布拉格已成为重要的商业中心、波希米亚首府和主教中心。

12世纪布拉格得到扩展，13世纪时布拉格的政治经济处于繁荣时期，土木建设大兴，大批哥特式纪念建筑拔地而起。

14世纪，在波希米亚国王兼神圣罗马帝国皇帝查理四世统治期间，布拉格一派繁荣景象。查理四世在1344年修建了大主教教堂，1348年建立了中欧第一所大学。同时，重建和加固了河上的石桥，扩建了新城区。在新城区的创建过程中，许多意大利的艺术家被吸引到了布拉格，他们充分发挥自己的聪明才智，使布拉格变得更加壮丽雄伟。

除了布拉格城堡和邻近的霍拉卡尼地区以外，历史中心是围绕三

欧 洲

个重点地段发展起来的：河北岸山丘上的小城（马拉·斯特拉那）、河南岸平原上的旧城（斯塔尔·麦斯托）和新城。自中世纪以来，河两岸保留下了不规则的曲折布局，狭长的瓦茨拉夫广场坐落在新城，它的历史可以追寻到 14 世纪，它称得上是布拉格的焦点。今天，从塔楼的废墟中仍然可以感受到它曾经的辉煌与壮观。

　　布拉格的整个城市建筑气势恢宏，城市艺术景观包含了从罗马时代到现代的各种艺术风格，其中尤以数量众多的巴洛克式杰作与哥特式艺术精品最为突出。皇宫、教堂、修道院、带拱顶的房屋和花园布局严谨，结构合理，建筑格局紧凑却不拥挤。站在装饰着雄伟雕像的查理大桥上向远处望去，景色格外赏心悦目。布拉格向世人展示出自中世纪以来城市的扩建过程。由于布拉格在中欧的政治、经济、社会和文化发展方面都有着重要地位，从 14 世纪起，布拉格丰富多彩的建筑和艺术传统就为大多数中欧和东欧国家的城市发展提供了榜样。

评价

　　布拉格历史中心建于 11 世纪—18 世纪，老城、外城和新城拥有如荷拉德卡尼城堡、圣比图斯大教堂、查理桥，以及数不胜数的教堂、宫殿等绚丽壮观的遗迹，该地在神圣罗马帝国查理四世的统治下达到了建筑的鼎盛时期，自中世纪起就以其在建筑和文化上的巨大影响而著称于世。

　　　　　　　　　　　　　　——世界遗产评定委员会

百科图鉴
维也纳古城

提起维也纳，首先让人想到的是维也纳金色音乐大厅中回旋的经典旋律。维也纳不仅在现代是一座名城，在历史上也颇具传奇色彩。

遴选标准

2001年根据文化遗产遴选标准C（Ⅱ）（Ⅳ）（Ⅵ）被列入《世界遗产名录》。

介绍

从早期著名的"维也纳乐派"一直到20世纪初，维也纳一直在欧洲乐坛上发挥着重要而独特的作用。维也纳还是建筑艺术精华的汇聚地，包括巴洛克风格的城堡和庭院，还有建于19世纪晚期的环城大道。沿着宽敞的林荫环城大道，坐落着维也纳最负盛名的名胜古迹，这些名胜古迹经过修葺、重建，散发出更加迷人的风采。

作为中世纪欧洲三座最大城市之一的维也纳，至今仍保持着昔日显赫的地位。维也纳是世界名城，是奥地利的首都，但它更以"音乐之都"而闻名遐迩。它位于奥地利东北部阿尔卑斯山北麓多瑙河畔，多瑙河贯穿全城，内城的古街道纵横交错，很少有高层房屋，建筑多为巴洛克式、哥特式和罗马式。中世纪的圣斯特凡大教堂和双塔教堂的尖顶，高约一百三十多米，

欧洲

可谓直插云霄。

圣斯特凡大教堂是维也纳市中心的哥特式教堂，也是欧洲最高的几座哥特式古建筑之一，带有东欧教堂浓厚的地方色彩。教堂顶盖外面绘有大面积色彩缤纷的图案，这些图案有"维也纳的精魂"之称。教堂于1304年始建，两个世纪后竣工，被认为是集几百年建筑艺术之大成的杰作。第二次世界大战中被毁，战后重建，历时10年，至1958年基本恢复旧观。大教堂由一座主体楼和三座楼塔组成，以南塔最为壮观，高138米，成锥体直插云天。

霍夫堡宫是奥地利哈布斯堡王朝的宫苑，坐落在首都维也纳市中心，历时十余年的修建终成今日的规模。在皇宫前的英雄广场上竖有一座跃马英雄铜像，这位英雄就是欧根亲王。欧根亲王原是法国贵族，后来成了率领奥地利军队击退土耳其入侵的民族英雄。他是一位深谙建筑艺术的武将，建筑师按照他的设想建造了一座仿法国凡尔赛宫的古典宫殿，也是欧洲最为壮观的宫殿之一。

评价

维也纳是从早期哥特和罗马人定居点发展起来的，到中世纪时期，已成为神圣罗马帝国的首都，带有浓郁的巴洛克色彩。

——世界遗产评定委员会

百科图鉴
伯尔尼古城

伯尔尼是瑞士的首都，伯尔尼州的重要城市，于1191年建造，坐落在日内瓦和苏黎世之间，正对阿尔卑斯山脉，修建在阿勒河一座河湾环抱的石岗上。

遴选标准

1983年根据文化遗产遴选标准C（Ⅲ）被列入《世界遗产名录》。

介绍

在12世纪末，统治瑞士中东部的泽林格公爵希托尔德五世想在自己的疆域西部修建一个要塞，于是选定伯尔尼这片土地，在1191年开始建城筑堡。1218年伯尔尼成了自由城，而且开始第一次扩建。后来成为萨瓦家族彼得二世伯爵的保护地，在此期间，又进行了第二次扩建。

伯尔尼曾被哈布斯堡王朝统治，为了独立它长期处于战争状态。1291年属于哈布斯堡家族的皇帝死后，才签订了建立瑞士联邦的盟约。经过第三次扩建的自由城伯尔尼在1339年胜利后并入联邦。14世纪和15世纪，发展成为一个强大城邦中心的伯尔尼，它的政治地位在广阔的领土上产生了极大的影响。1528年后，伯尔尼与犹太教改革派结盟，因此进入了繁荣期。到18世纪时，伯尔尼政治权力达到了顶峰。1848年，伯尔尼被定为瑞士的首都。伯尔尼介于法语区与德语区之间的交界上，语言以德语为主，法语为辅。将伯尔尼定为联邦首都，就是德语区与法语区之间妥协的结果。

曾在中世纪时期筑防的伯尔尼古城，其城市格局依据地势而分布。道路的规划沿阿勒河河岸分布开来，其布局留存了中世纪的风格。整个道路全部用切割而成的灰色条石铺设，有时路面呈现出淡绿色。街道两侧建有连拱。教堂的尖塔和钟楼、点缀着鲜花的喷泉、装饰着角塔的房屋、倾斜的屋顶，以及公共花园等构成了一幅整齐协调的建筑美景图，其大部分的历史都能够追溯到17世纪和18世纪。

伯尔尼古城的建筑与周围自然景观的融合，使伯尔尼这座城市具有了另一番景象，绿树成荫，安静祥和。伯尔尼又称"泉城"，市区街道中央有许多街心泉，大部分为16世纪所建。这当中最漂亮的街心泉是正义街的正义泉。正义泉中央柱顶的塑像是一手持剑，一手拿着天平的正义女神像，塑像脚下是教皇、皇帝、苏丹、高官显贵等统治阶级的代表，寓意着即使是王侯将相也要接受正义的判决。

伯尔尼古城中奈戴格教堂建于14世纪，教堂里的雕塑是伯尔尼的建立者泽林格公爵。克拉姆街的钟塔远近闻名，到了整点的时候，钟面上就会出现一个小机器人，用锤子击打头上的两个钟。钟的零部件由16世纪时的瑞士人制造，直到现在还保存完好，并能正常运转。

评价

伯尔尼古城，12世纪建于阿勒河流淌环绕着的小山上面，1848年成为瑞士首都。从伯尔尼古城的建筑，就能够看到历史的变迁。古城留存着16世纪典雅的拱形长廊和喷泉。作为中世纪城镇的中心建筑在18世纪又被装修，并且依然保持着原来的历史风貌。

——世界遗产评定委员会

百科图鉴
梵蒂冈城

梵蒂冈城是罗马城西北高地上面积达四万四千多平方米的城国，位于台伯河南岸，在贾尼库隆山的北部延伸过梵蒂冈山的一部分。宗教圣地的影响使这座城拥有一种圣洁、凝重之美。

遴选标准

1984年根据文化遗产遴选标准C（Ⅰ）（Ⅱ）（Ⅳ）（Ⅵ）被列入《世界遗产名录》。

介绍

梵蒂冈城建于公元325年前后，是康斯坦丁大帝在罗马共和国和罗马帝国的遗址上建立的第一座天主教大教堂。梵蒂冈在历史上有着宗教管理与政治管理的双重功能，现在已经是一个拥有独立主权的国家。

在意大利格雷戈里大帝（公元590年—604年）的统治时期，意大利最大的财产所有者是教皇。在1309年—1417年，意大利战争和罗马的混乱使教皇被流放到了亚威农。虽然遭到1378年—1417年大分裂的削弱，文艺复兴时期的罗马教皇制度还经历了一段政治复苏时期。

法国大革命使教皇国家开始衰落，经历了一段困难的恢复时期后罗马被并入意大利王国。1929年梵蒂冈与意大利签订《拉特兰条约》，解决了自1870年以来双方争执不休的主权问题。

虽然梵蒂冈城大部分领土都环绕着城墙，但大教堂的四周仍是对外开放的。整座城市是由一些建筑物和广场，还有布局规则的花园组成的。

在这座规模很小的城市中，处处都是宗教和城市纪念建筑，其中许多都属于意大利文艺复兴和巴洛克艺术风格的杰作。

梵蒂冈宫殿由教皇尼古拉斯五世（1447年—1455年）进行了防御功能的修改。教皇朱利斯二世（1503年—1513年）又在康斯坦丁所建的大教堂遗址上建造了圣彼得大教堂。

梵蒂冈是拥有人类历史上一批举世无双的艺术珍品的城市，因此整座城市发展了数个世纪的艺术创造作品。它是具有立体空间感的独特艺术杰作。梵蒂冈的建筑、绘画、雕塑，以及博物馆的文物都对16世纪以来艺术的发展产生了重大的影响。"梵蒂冈是文艺复兴和巴洛克艺术的理想典范和辉煌创造"。一千多年来，世界各地的人们络绎不绝地来到这里，徜徉于艺术殿堂中，久久不愿离去。

评价

梵蒂冈城是基督教中最神圣的地区之一，它是伟大的历史见证，也是基督教神圣精神进程的见证。在这个小小的国度内它是唯一一处聚集了大量艺术和建筑杰作的宝地。圣彼得教堂位于城市的中心位置。教堂装饰着双柱廊，与花园毗邻的广场从正面环绕着教堂。这座历史悠久的教堂坐落在圣彼得的陵墓上，是历经众多大师如天才拉斐尔、米开朗琪罗、贝尔尼尼等共同创造的艺术品。

——世界遗产评定委员会

梵蒂冈城是梵蒂冈城国的首都，是世界天主教的中心和罗马教廷所在地

百科图鉴

迈锡尼和提那雅恩斯的遗址

迈锡尼和提那雅恩斯的遗址在荷马史诗中有"黄金遍地、建筑巍峨"的美誉。这一遗址在历史的变迁中曾经一度被风沙掩埋于地下……

遴选标准

1999年根据文化遗产遴选标准C（Ⅰ）（Ⅱ）（Ⅲ）（Ⅳ）（Ⅵ）被列入《世界遗产名录》。

介绍

迈锡尼和提雅恩斯遗址坐落在伯罗奔尼撒半岛东北部，与爱琴海萨罗尼克湾相距14.48千米，与阿戈斯北相距9.66千米。迈锡尼和提那雅恩斯的遗址在希腊文化史上占有重要地位，是当时的政治、经济、文化中心。19世纪80年代，德国考古学家海因里希·施利曼经过多次勘查、发掘，终于发现了城堡、皇宫，竖坑墓穴和蜂窝式墓葬等等。这些遗迹的发现在考古学上具有重大的价值，开辟了研究希腊大陆青铜器时代的新纪元。

城堡坐落在一个三角形的小山丘上。约建于公元前1350年—前1330年，城墙保存完好，按山岩高低取平，其高度一般约为5米~11米，最高处约达十八米，厚度在3米~14米不等，全部采用雕凿方法使其成为长方形的巨

欧 洲

石。位于西北角的"狮门",由3.2米高的独石建成门柱,上覆以5米×2米的矩形独石门楣。门楣之上又有高约三米,镌刻着两只雄狮的浮雕,"狮门"因此而得名。城堡内的建筑,以当年迈锡尼国王的皇宫为主体,包括卫室、回廊、门厅、接待室、前厅、御座厅等。皇宫内的主厅长12.8米、宽11.9米,中心设有圣火坛以及用红灰泥建成的浴室(据说当年阿加梅被害于此室内)等皇族宫寝和神庙等。城堡内另外一个著名的古迹是位于皇宫西首的皇家墓地。墓地中央有10块镌刻着描绘战士驭车作战或狩猎的浮雕和一个圆形的祭坛。墓地上有6所竖坑墓穴,向岩层垂直凿进7.6米建成。墓穴内发现了19具尸骨。在3号墓穴内,有两具用金叶包裹的婴儿尸体与3具女尸,据分析她们就是卡桑德拉与她的两名侍女以及她与阿伽门侬所生的一对孪生子女。其殉葬物品包括青铜器皿、金银制作的面具,以及其他象征王权的殉葬品,这是考古学史上收获最丰富的发掘之一。在城墙之南,还发现了建于公元前1300年的阿特柔斯珍宝室(阿特柔斯是迈锡尼王,阿伽门侬之父),实际上是与竖坑墓穴不同的蜂窝式墓葬群。由于这些珍贵文物的发现,迈锡尼被认为是欧洲晚期铜器时代的典型地区,迈锡尼及其附近发掘的古文化被统称为"迈锡尼文化"。

迈锡尼和提那雅恩斯的建筑和设计,比如狮门和阿特柔斯珍宝室及提那雅恩斯的墙,是人类创造才能的杰出典范。迈锡尼文明对古典希腊建筑和城市设计的发展及综合文化的形成都有着非常深远的影响,这里是最能充分展示迈锡尼文明的地方。

评价

迈锡尼是迈锡尼文明最伟大的城市,其遗址也十分壮观,公元前15世纪—前12世纪,迈锡尼文明影响到地中海东部,对古希腊文化发展起到重要作用。

——世界遗产评定委员会

百科图鉴

雅典卫城

雅典卫城位于今雅典的西南部，建在一个陡峭的山冈上，主要包括帕提侬神庙、伊瑞克先神庙等建筑，是古希腊文明的象征。

遴选标准

1987年根据文化遗产遴选标准的C（Ⅰ）（Ⅱ）（Ⅲ）（Ⅳ）（Ⅵ）被列入《世界遗产名录》。

介绍

雅典卫城是希腊古代遗址中最为著名的建筑，雅典卫城希腊语称之为"阿克罗波利斯"，意为"高处的城市"，它距今已有3 000年的历史。公元前16世纪上半叶到公元前12世纪，这里是迈锡尼文明时代的王宫所在地，从公元前800年开始，人们在这里扩建神庙等用于祭祀的建筑物，使之成为雅典宗教活动的中心，并且逐渐高于地下形成了城市。古代希腊城市又可作为市民战时的避难场所，它是由牢固的防护墙壁护卫着的山冈城市。

雅典卫城坐落在面积约为四平方千米的一块高地上，坚固的城墙筑在卫城四周。自然形成的山体使人们只能从山

雅典少女雕像的线条十分柔和，让人感到一种温柔典雅之美

欧 洲

的西侧登上卫城，高地的其他三面都是悬崖绝壁，地形十分险峻。

雅典卫城是希腊最杰出的古建筑群，这些古建筑无可厚非地成为人类遗产和建筑精品，在建筑学史上具有重要地位。迄今为止雅典卫城保存下来的大量的珍贵遗迹，向人们集中展示了希腊的古代文明。

雅典卫城的山门正面高达 18 米，侧面高 13 米。山门左侧的画廊内还收藏了许多珍贵的绘画作品。

多利克式的帕提侬神庙、大理石造的楼门普罗彼拉伊阿、埃莱库台伊神庙、雅典娜神庙等均建于公元前 5 世纪的雅典黄金时代。

雅典娜神庙坐落在山门右前方。神庙全部由蓬泰利克大理石砌成，蓬泰利克大理石的产地就在雅典附近。神庙内由一个爱奥尼亚风格门厅和一个约呈方形的内庙组成。一条装饰有凹凸浮雕、宽度达 45.72 厘米的中楣饰带，缠绕在建筑物外部。神庙分前庙、正庙和后庙，在神庙东面雕有一个手拿盾牌的雅典娜神像浮雕。

帕提侬神庙是雅典卫城建筑群最著名的建筑，它是古希腊建筑艺术的里程碑，是古希腊建筑艺术最高成就的代表，被称为"神庙中的神庙"。

雅典娜神庙整体造型呈长方形，全部用晶莹洁白的大理石砌成。神庙建筑材料为石灰岩，外部由 46 根高 14 米、直径 1.5 米的大理石柱环绕。

人们可以从雅典的各个方向观赏到位于卫城顶端的帕提侬神庙。整座殿堂辉煌壮丽，结构严谨，比例和谐，据说建成之初是一座白色大理石建筑，异常的华美壮观。

帕提侬神庙是闻名于世的古代七大奇观之一，也是雅典最著名的古迹之一。自中世纪后屡遭破坏，现在的神庙遗址大多已是颓垣断壁了。神庙的内部分成两个大厅，正厅又叫东厅，厅内原本供奉着菲狄亚斯雕刻的雅典守护神雅典娜神像，据说神像高12米，由黄金、象牙雕刻而成，眼睛的瞳孔也是由宝石镶成的。几经战火的洗礼和两千多年风雨的侵蚀，神庙中雅典娜的巨大金像早已不知去向。神庙这一艺术珍品只剩下了大部分的石柱和一些其他建筑。

帕提侬神庙是诸神从奥林匹斯山下落凡间时的聚会地。帕提侬神庙矗立在雅典卫城的上首右侧，人们从入口处只能看见它的侧面。在这个长70米、宽30米的空间里，46根环列圆柱构成的柱廊高大挺拔，昭示着希腊文明蓬勃向上、永不凋谢的精神。

残缺的建筑使帕提侬神庙的遗址具有异乎寻常的魅力，多利克式的圆柱，大理石的凹槽，使其有着高贵典雅的气质。列柱逐渐细小，到达顶端时无任何装饰的弧形柱更显得优美均衡，战火虽然令许多石柱倒塌，但那简约庄严的美却依然生动鲜活。

帕提侬神庙的雕刻装饰是由著名的建筑师和雕刻家菲狄亚斯完成的。从神庙西山墙中央的人像浮雕到最引人注目的排档装饰上都可以领略到大师的风采。

由92块白色大理石装饰而成的中楣饰带上的连环浮雕，表现的是紧张的搏斗场面，它把人与怪兽的厮杀刻画得生动逼真。天神们或威武、或飘逸、或闲散，都姿态巧妙地贯穿在一起，那肌肉的弯曲、战袍的飘扬、眼神的哀喜无不透露出雕刻者对美的热爱和对生命的理性思索。

伊瑞克先神庙坐落于埃雷赫修神庙的南面，建于公元前421年—前406年之间，是雅典卫城建筑群中爱奥尼柱式的典型代表，神庙建在高低不平的高地上，建筑设计非常巧妙。它是培里克里斯制订的重建卫城计划中最后完成的一座重要建筑。神庙东区是传统的6柱门面。向南采取虚厅形式。南端

欧洲

用6根大理石雕刻而成的少女像柱代替石柱顶起石顶，这些设计充分体现了建筑师的智慧，少女们长裙束胸，轻盈飘逸，头顶千斤，亭亭玉立。由于石顶的分量很重，6位少女为了能够顶起沉重的石顶，颈部就必须设计得足够粗，但是这样势必会影响到整体的美观。于是建筑师给每位少女颈后设计了一绺浓厚的秀发，又在头顶加上花篮，成功地解决了建筑美学上的难题，从而使该建筑一举成名。神庙建筑历经沧桑，如今也只能凭借这6根少女像柱来想象当年的繁华了。

评价

"文明、神话、宗教在希腊兴盛了一千多年。雅典卫城包含四个古希腊艺术最大的杰作——帕提侬神庙、通廊厄瑞克修姆庙和雅典娜胜利神调——被认为是世界传统观念的象征。"

——世界遗产评定委员会

帕提侬神庙全部用晶莹洁白的大理石砌成，还用了大量的镀金饰件

世界遗产百科图鉴

百科图鉴
奥林匹亚考古遗迹

奥林匹亚考古遗迹位于希腊伯罗奔尼撒半岛西部、伊利斯境内，阿尔菲奥斯河北岸。在首都雅典以西约一百九十千米处，坐落在克洛诺斯林木葱郁、绿草如茵的山麓，是古希腊的圣地。

遴选标准

1989年根据文化遗产遴选标准C（Ⅰ）（Ⅱ）（Ⅲ）（Ⅳ）（Ⅵ）被列入《世界遗产名录》。

介绍

现代奥运会的圣火都在奥林匹亚点燃，点燃的圣火是奥林匹克运动会的象征之一。在2004年雅典奥运会"回家"之际，国际奥委会决定，将2004年雅典奥运会的铅球比赛赛场放在奥林匹亚体育场举行，这也是在2 500年之后，人们首次有机会在奥林匹亚古赛场上重温奥运会之梦。

提起奥运会。人们不能不提到古代奥林匹克竞技会，而提起古代奥林匹克竞技会，我们自然会想到它的发源地——神圣的奥林匹亚。

位于欧洲南部巴尔干半岛上的古希腊，孕育了欧洲最古老的文明。半岛上生机盎然的自然环境，对古希腊人形成良好的审美情怀和爱好运动竞技

欧洲

的传统又深刻的影响，对后世也产生了深远的意义。

古希腊最早的奴隶制国家出现于公元前 200 年的克里特岛，克里特人在古代东方文化的影响下创造了自己的文化。其中包括舞蹈、斗牛、拳击和摔跤等。随着城邦经济文化的繁荣和城邦间的复杂竞争，古希腊体育事业也日渐繁荣，战车赛、站立式摔跤、拳击、赛跑、标枪、铁饼、跳跃、格斗、射箭等成为古希腊人最常见的运动形式。斯巴达和雅典先后成为繁荣时期的希腊体育的代表城市。而也就在这一过程中才产生了许多地方性或全希腊范围内的运动会，其中影响较大的就是诞生于奥林匹亚的奥林匹克竞技会。这一拥有 293 届历史的竞技会，历时长达 1170 年，为人类留下了珍贵的文化遗产。但随着竞技会的消亡，古代希腊体育的辉煌也从人们的记忆中慢慢地淡化了，但奥林匹亚已成为体育爱好者心中最神圣的地方。

1766 年英国人钱德勒首次发现了宙斯神庙的遗址，此后，经过大批德国、法国、英国的考古学家、史学家们对奥林匹亚遗址所进行的系统的、大规模的勘察和发掘，到 1881 年才获得大量有关古代奥林匹克竞技会的珍贵文物和史料。

奥林匹亚考古遗迹中最早的遗迹始于公元前 2000 年—前 1600 年，宗教建筑始于约公元前 1000 年。从公元前 776 年—前 393 年，奥林匹亚因举办祭祀宙斯主神的体育盛典而闻名于世，奥林匹亚是奥林

匹克运动会的发源地。古时候，希腊人把体育竞赛看作祭祀奥林匹斯山众神的一种节日活动。公元前 776 年，伯罗奔尼撒半岛西部的奥林匹亚村举行了人类历史上最早的运动会——古代奥林匹克运动会。为纪念奥林匹亚竞技会，1896 年在雅典举行了第一届（现代）奥林匹克运动会。随后，运动会虽改为轮流在希腊以外的其他国家举行，但依然沿用奥林匹克的名称，并且每一届的火炬都从这里点燃。这里是奥运圣火的发祥地。

奥林匹亚考古遗迹中的许多建筑和设施都是为体育比赛而修建的。奥林匹亚竞技场建于公元前 2 世纪，但现在只有一部分天棚还残存着。奥林匹亚的考古遗迹东西长约五百二十米、南北宽约四百米，宽大的石砌拱门，高 5 米、宽 3 米，门洞深 14 米，是运动员入场的大门。竞技场长 200 米、宽 175 米，中心是宙斯神庙和宙斯之妻赫拉的神庙。广场一侧的看台仍保持完好，石英石铺设的起跑线仍依稀可辨。

雄伟的宙斯神殿位于奥林匹亚考古遗迹的中心，宙斯神庙为长 64.12 米、宽 27.68 米的多利克式建筑。环绕神庙的廊柱并未用大理石，而是用当地的石灰岩制作并在其上涂抹白灰而成。其中柱高约十米，底径 2.5 米，上端直径 1.7 米，整体风格庄重典雅，神庙上层饰有雕刻装饰。东山墙上的圆雕是《厄立斯王俄诺玛奥斯的赛车》，描绘了赛车即将出发的那一瞬间的紧张场面。西山墙的高浮雕则是《勒比底人与坎陀儿族之争》，这一组群雕图，构图对称，人物处理自然，12 块回檐装饰浮雕记叙了英雄赫拉克勒斯的 12 件功绩。

现在的遗址上已建立了奥林匹亚考古学博物馆，使得今天的人们得以欣赏到神庙过去的风采和辉煌。

古奥林匹亚体育场毁于历史的战火与风雨中，自 18 世纪开始，一批又一批的学者络绎不绝地来到奥林匹亚考察和探寻古代奥运会遗址。1936年第11届奥运会后，款项尚有剩余，国际奥委会决定用这笔余款继续对奥林匹亚遗址进行发掘，最后终于复原了体育场的原貌。

古奥林匹亚体育场四周有大片坡形看台，西侧设有运动员和裁判员入场口，场内跑道的长为210米、宽为32米。它与附近的演武场、司祭人宿舍、宾馆、会议大厅、圣火坛和其他用房等共同组成了竞技会的庞大建筑群。现在在遗址上建有奥林匹克考古学博物馆，馆内珍藏着出土的文物，包括大量古代奥运会的比赛器材和古希腊武器甲胄等。

苍茫暮色中的奥林匹亚山静默不语，它深邃的目光穿透历史的烟云，跨跃时空的阻隔，凝望着今天的奥林匹克人。无论历史云烟如何变幻，团结、公正、友好的奥林匹克精神都将在人们心中永存。

评价

文明、神话、宗教在希腊兴盛了一千多年。阿克罗波利斯包含四个古希腊艺术最大的杰作——帕提侬神庙、通廊、厄瑞克修姆庙和雅典娜胜利神庙——被认为是世界传统观念的象征。

——世界遗产评定委员会

百科图鉴
波茨坦的宫殿及庭院

波茨坦和柏林的宫殿及庭院距柏林西南约二十七千米,现存的宫殿有桑斯西宫、古里尼凯宫、巴贝贝尔克宫等,庭院还有鲁斯特庭院和孔雀岛留存于世。

遴选标准

1990年根据文化遗产遴选标准C(I)(II)(IV)被列入《世界遗产名录》。

介绍

波茨坦位于中德北部的侵蚀山脉和冰川区内,努特河和哈弗尔河形成的一系列湖泊和池塘为波茨坦的宫殿和庭院提供了优美的自然风光和众多自然资源。这个地方的历史,人们最早能追溯到10世纪。这里在腓特烈大帝统治时期曾经是皇室住地和普鲁士文化、军事中心,现在是柏林地区的主要城市。

波茨坦地区的命运在历史上也是几经坎坷。10世纪,斯拉夫部落占据了波茨坦地区;12世纪,阿斯卡尼亚王朝在这里设城建立了政权。在中世纪时期,霍亨佐伦人迁徙到勃兰登堡平原,波茨坦在这一时期走到历史的转折点上。1617年,霍亨佐伦人在波茨坦修筑城堡,作为他们的居住地。在经历了

欧洲

30年战争（1618年—1648年）以后，统治者弗里德里希·威廉（1620年—1688年）在这里建造宫殿，重建了城市。

在弗里德里希二世即腓特烈大帝（1740年—1786年）时期，波茨坦进入了兴盛期，它成为普鲁士事实上的首都。当时的普鲁士国王接纳了法国大批受迫害的新教徒工匠，从而有力地促进了普鲁士建筑艺术的发展。弗里德里希二世对艺术和文学的热爱，促进了波茨坦的名胜无忧宫庭院和宫殿的发展。无忧宫的建筑为洛可可风格。19世纪，弗里德里希·威廉四世（1840年—1861年）在无忧宫庭院内增建了七座建筑和庭院，其他的庭院和公园整体也相应地扩大了建筑空间。

波茨坦的城市设计堪称城市建筑史上具有卓越的艺术成就的杰作。波茨坦城市设计的独特性主要体现在折中主义的运用和大胆的创新意识。其设计理念是根据自然背景，从多元的视觉角度来搭配城市中的园林和宫殿建筑的，在设计中运用了自然和对称的原则，同时还借鉴大量英式花园的风格，在狭小的空间内，尽管建筑样式丰富、风格多变，整座城市仍然保持着和谐的氛围。

风车如年轮般旋转，与岁月一起慢慢老去

评价

5平方千米的公园和150座从1730年—1916年建造的建筑物使波茨坦宫殿和庭院结合构成了一个艺术体系。它给人的唯一感觉就是折中的自然性。波茨坦是18世纪欧洲城市和艺术时尚的完美结合。城堡和庭院的结合为后人提供了一种全新的建筑模式，它们大大地影响了奥德河东部建筑艺术的发展和建筑空间的拓展。

——世界遗产评定委员会

百科图鉴
凡尔赛宫及其园赫

凡尔赛宫于 1979 年被列入《世界遗产名录》。凡尔赛宫及其园林位于巴黎西南 24 千米处，是欧洲最大的王宫。

遴选标准

1979 年根据文化遗产遴选标准 C（Ⅰ）（Ⅱ）（Ⅵ）被列入《世界遗产名录》。

介绍

凡尔赛宫及其园林原为国王狩猎的地方，路易十三时它还仅仅是一座小城堡，1661 年路易十四时期开始动工扩建，路易十五时期终于建成了今天人们所看到的规模庞大的包括城堡、宫廷、花园在内的凡尔赛宫。凡尔赛宫建筑面积为 11 万平方米。三条以凡尔赛宫为中心的发散形大道使凡尔赛宫宛如整个巴黎乃至整个法国拱卫的中心。它是当时法国的中央集权和绝对君权观念的集中体现。

拉多娜池和阿波罗池位于凡尔赛宫及其园林拉多娜水池园的中轴线上。据说，水池的设计和雕塑者是从神话故事《变形》中得到的启发，设计师想通过雕塑向人们讲述美丽的神话和传说。在神话中拉多娜是太阳神阿波罗和月神迪安娜之母，因被朱庇特之妻诅咒，在经过千辛万苦的漂泊后终于停留在

一个池塘边，但那里人们为了不让她饮水解渴，就把水污染了。拉多娜一气之下把他们都变成了青蛙。1670年建造的拉多娜像站在一块岩石上，面对宫殿，周围陪衬着6个变成青蛙的里西农人。1687年—1689年政府对拉多娜像作了重新设计。水池里，一座五层同心圆叠罗汉似的托起拉儿携女的拉多娜像，里西农人变成的青蛙匍匐在她脚下，亵渎神灵的人如果被洒上这里的水就会变成野兽、昆虫。

宫殿南北长约四百米，整体被分为三段处理，是古典主义风格建筑的典范，它对17世纪和18世纪的欧洲建筑产生了重大影响。主体建筑构架由卢浮宫首席建筑师勒沃规划，室内的雕塑、家具、壁画由崇尚罗马艺术风格的画家勒布伦任总设计和总监。凡尔赛宫的大规模扩建由芒萨尔负责，著名的"镜廊"和大特里亚农宫是芒萨尔最得意的作品。镜廊长72米、宽10米、高13米，由483面镜子组成。绘画、雕塑、大理石、水晶、青铜、丝绸饰品均是宫廷装饰的典型之作，尽显路易王朝的奢华与浪漫。

凡尔赛宫园林几乎是世界上最大的宫廷园林，其奢华程度可与凡尔赛宫相媲美。凡尔赛宫园林由勒诺特尔设计。花园占地6.7万平方米，园内道路、树木、水池、亭台、花圃、喷泉等均呈几何图形，有统一的主轴、次轴、对景，构筑整齐划一、协调一致，透露出浓郁的人工雕凿的痕迹，也体现出路易十四对君主政权和秩序的追求。园中道路宽敞，绿树葱郁，草坪、树木都修剪得整整齐齐；喷泉随处可见，雕塑活灵活现，且多为美丽的神话或传说的描写。一条长1 650米、宽62米的运河与另一条长1 070米、宽80米的运河在此处呈十字交叉，为皇家花园营造了独特的天然氛围。凡尔赛宫花园堪称法国古典园林的杰出代表。

百科图鉴
克里姆林宫和红场

克里姆林宫和红场于 1990 年被列入《世界遗产名录》。克里姆林宫里俄罗斯民族最负盛名的历史丰碑，也是全世界建筑中最美丽的作品之一。而在红场上闲庭信步时则能体会到伟大的俄罗斯尼族历史与往昔的辉煌。

遴选标准

1990 年根据文化遗产遴选标准 C（Ⅰ）（Ⅱ）（Ⅳ）（Ⅵ）被列入《世界遗产名录》。

介绍

坐落在莫斯科市中心的克里姆林宫，占地 28 万平方米。其西墙根下是占地 7 万平方米的红场。莫斯科河沿着克里姆林宫南墙根和红场南部穿城而过。克里姆林宫是建于 12 世纪—17 世纪的雄伟建筑群，它曾是历代沙皇的皇宫，是沙皇俄国世俗权力的象征。1238 年，俄罗斯各公国被金帐汗国征服，莫斯科成了蒙古帝国入侵的牺牲品。克里姆林宫遭到战火的严重破坏，但很快得以重建。在伊万的统治下，莫斯科大公国于 14 世纪初建立。克里姆林宫成为公侯的住所和宗教中心。克里姆林宫的木制围栅在

欧 洲

14世纪末被石墙取代，到15世纪末，砖墙又取代了石墙。克里姆林宫建筑群是当时这一新的政、教结合的体现。据说，在圣瓦西里教堂完工后，沙皇命人把建筑师的眼睛弄瞎，为的是使他永远无法再创造奇迹。1555年，伊凡在红场上建造了瓦西里·布拉仁教堂，以纪念俄罗斯对喀山汗国的征服。在此之后的16世纪—17世纪，克里姆林宫变为沙皇的官邸。随着1703年政治权力向圣彼得堡的转移，克里姆林宫继续保持着宗教中心的地位。当莫斯科1918年再次成为首都后，克里姆林宫重新成为苏维埃政权政府部门的所在地。此后克里姆林宫一直统治着苏联。

　　克里姆林宫高耸的围墙重建于15世纪。围墙是砖砌的，高达18.3米，长达1.6千米，中间有二十多座塔楼，有的塔楼大门上有帐篷式的尖顶。克里姆林宫主入口是面朝红场的斯拉斯基门。1600年由鲍里斯·戈东诺夫沙里提出加高伊凡大帝钟楼到81米。此外，伊凡大帝钟楼还是一座瞭望塔，可以俯瞰周围32千米的地方。在它的脚下有一座"钟王"，是世界上最大的钟，铸于18世纪30年代，重量超过200吨。在"钟王"附近还有一尊庞然大物——"炮王"。其口径为89厘米，造于1586年，重量达40.6吨。"钟王"从未被敲响过，"炮王"也从未发射过炮弹。15世纪后期，伊凡四世委托意大利建筑师重建克里姆林宫作为第三罗马的首都。用多棱白石砌成的多棱宫建成于1491年，宫内俄皇的朝觐大厅规模宏伟、装饰奢华。在主入口附近有一张核桃木雕刻的伊凡雷帝御座，御座是1551年建造的。克里姆林宫内包括了具有独特的建筑艺术和造型艺术的建筑经典。在很大程度上，克里姆林宫的建筑精品对促进俄罗斯建筑艺术的发展都产生了决定性的影响，这一点在伦巴第艺术复兴时期表现尤为突出。克里姆林宫通过其空间布局的精巧、建筑主体的宏伟及其附属建筑的精美为沙皇时代的俄罗斯文化提供了独特的见证。

克里姆林宫的建筑层次分明。大克里姆林宫是克里姆林宫的一系列宫殿中的主体宫殿，位于整个建筑群西侧。建于1839年—1849年的大克里姆林宫为两层楼房建筑，是政府办公地。其外观为仿古典俄罗斯式，内部呈长方形，楼上有露台环绕，共有总面积达2万平方米的700个厅室。厅室内的建筑风格迥异，装饰精美，气势恢宏。宫殿的正中有装饰各种花纹图案的阁楼，上有高出主建筑物的紫铜圆顶，并立有旗杆。正门用白色大理石板建造，第二层厅室中的格奥尔基耶夫大厅因其收藏的巧夺天工的艺术珍品而闻名遐迩。

在克里姆林宫中心最古老的教堂广场上，建造有圣母升天大教堂、天使大教堂、报喜教堂和圣母领报教堂。在这些宗教建筑中，最能体现俄罗斯与北部教堂建筑风格的就是以山字形拱门和金色圆塔为特征的圣母升天大教堂。教堂的建筑时间稍晚于圣母升天教堂的是1489年建成的报喜教堂，它原为希腊十字形的三个圆顶的建筑，后又扩建成造型美观的9个金色圆顶的教堂，在当时被称为"金色拱顶"，

欧 洲

金色拱顶成为皇族子孙洗礼与举行婚礼的地方。

红场是俄罗斯最负盛名的中心广场。红场与克里姆林宫毗邻，坐落于克里姆林宫东墙一侧。15世纪90年代，莫斯科遭遇大火，火灾后的空旷之地形成了广场，所以广场也被称为"火烧场"，17世纪中叶起才称为"红场"。在俄语中"红色的"一词还有"美丽的"之意。红场中最引人注目的建筑是位于广场南面的瓦西里·布拉仁大教堂，这是一座有着9个"洋葱"式尖顶的大教堂。教堂的红砖墙面用白色石头装饰，表面配上各种颜色，如金色、绿色，以及杂糅的红色和黄色等。目前，红场已成为俄罗斯举行各种重大集会的首选场地，2005年的纪念世界反法西斯战争胜利60周年的重大集会也是在红场举行的。在这次集会上，俄罗斯还在红场上举行了盛大的阅兵式。

评价

由俄罗斯和外国建筑家于14世纪到17世纪共同修建的克里姆林宫，作为沙皇的官邸和宗教中心，与13世纪以来俄罗斯所有最重要的历史事件和政治事件密不可分。在红场防御城墙的脚下坐落的圣瓦西教堂是俄罗斯传统艺术最漂亮的代表作之一。

——世界遗产评定委员会

世界遗产百科图鉴
SHIJIE YICHAN BAIKE TUJIAN

非洲

百科图鉴
开罗伊斯兰教老城

开罗伊斯兰教老城是埃及尼罗河三角洲顶端南部成长起来的一座古老城市，有"千塔之城"的美称。1979年联合国教科文组织将开罗伊斯兰教老城作为文化遗产列入《世界遗产名录》。

遴选标准

1979年根据文化遗产遴选标准C（Ⅵ）被列入《世界遗产名录》。

介绍

穆罕默德阿里清真寺位于开罗老城萨拉丁堡内，建于1830年。

开罗是非洲最大的城市，坐落在尼罗河三角洲顶端南部。在开罗城里耸立着一千多座清真寺，清真寺高耸的尖塔直插云间，所以开罗又被称为"千塔之城"。

公元645年，埃及人在开罗修建了阿麦尔·印本阿斯大清真寺宣礼

塔，这是伊斯兰教史上第一座清真寺宣礼塔。宣礼塔用来集合穆斯林信徒按时来清真寺祈祷，也是在沙漠中给驼队指明方向的标记。它自诞生以来规模不断扩大，大多数宣礼塔都结构严谨、装饰精巧、图案繁多。

在老城中心随处可见王宫、清真寺、浴场、医院等建筑。著名的艾哈德·伊本·图隆清真寺作为埃及第二大清真寺，拥有五排拱门，这些拱门都由巨大的方柱支撑，每个方柱四角还排列了四根小支柱，其他三面是柱廊，每面都有两排拱门，拱门上有雕刻的图案。整个建筑物为砖砌平顶，木梁外涂灰泥，是埃及国内保存最完整的古代清真寺。

被誉为伊斯兰文化灯塔的爱资哈尔大学坐落在开罗老城的闹市区，这所大学已有一千多年的历史，是世界上最古老的大学之一。多座穿云插天的宣礼塔，经历了岁月的洗礼，千百年来一直是爱资哈尔大学的象征。爱资哈尔清真寺建于公元970年，由于伊斯兰教学者常在这里宣经布道，到后来这里逐渐变成了一所宗教学校。这所大学的伊斯兰研究学院至今仍保持着在爱资哈尔清真寺里席地围坐的教学方式。爱资哈尔大学一千多年以来培养、造就了一批批研究伊斯兰文化的专业人才，这些学生后来活跃在亚非数十个国家，成为保护、传播和发展伊斯兰文化的中坚力量。

在开罗城内大兴土木修建清真寺是历代统治者的惯例，开罗的建筑大师和艺术家设计出复杂的图案，刻在清真寺的宣礼塔、墙壁、天花板和地板上。开罗成为伊斯兰世界里最美丽的城市，它以独特的美丽为自己赢得了"回教的大门"的美誉。

百科图鉴

孟菲斯及其金字塔墓地

金字塔墓葬群遗址位于古埃及王国首都孟菲斯的周围，墓地范围主要在吉萨高原上。

遴选标准

1979年根据文化遗产遴选标准C（Ⅰ）（Ⅲ）（Ⅵ）被列入《世界遗产名录》。

介绍

对于古埃及金字塔的具体数量，人们向来说法各异，有的说有七十多座，有的说有八十多座。埃及政府相关部门在1993年1月3日对外宣布："在吉萨地区又发现一座金字塔。这是世界上最重大的考古发现，使金字塔总数增至96个。"官方公布的这一数字应该是准确的。

金字塔的基座为正方形，四面呈四个相等的三角形，远望就像汉字的"金"字，所以汉语译为"金字塔"。在王国的早期，太阳神被奉为埃及的国神，法老则被看作"太阳神之子"。《金字塔铭文》是这样写的："天空把自己的光芒伸向你，以便你可以凌空升天。"

虽然历尽岁月沧桑，古埃及的金字塔和狮身人面像依然耸立在埃及吉萨市南郊的利比亚沙漠之中，这些人类智慧的结晶似乎在向人们传达一个来自远古时代的信

图坦卡蒙的黄金面具

非洲

息，这些信息让很多慕名参观的游人都产生了一种遥远的回想，在远古时代一定存在某种威力无边的东西，而随着时光的流逝，渐渐在地球上消失了。

金字塔和狮身人面像的建造地点都在吉萨，吉萨的金字塔外观宏伟，位于高原之上，与开罗旧城隔着尼罗河遥遥相望。

吉萨高原的最东边是狮身人面像和与其相关的神殿。附近还有一些埋葬达官贵族的小型金字塔。靠近金字塔的尼罗河岸边还建有几个船坞，至今停泊着十几只早已陈旧腐朽的小木船。1954年人们将靠近大金字塔东侧的一只船从岸边移走进行维修，船被修复之后人们发现这只船有43.3米长。使用过的迹象十分明显，也许当初将法老胡夫的遗体从皇宫沿尼罗河运至大金字塔用的就是这只船。吉萨的古建筑群是一个有机的整体，这里的一切不仅神化了那些死去的法老和达官贵族，还表达了对死亡本身的崇仰。这个古建筑群的部分遗迹现在正不断地在人们面前显露出来。

大型金字塔的建造年代在公元前2650年—前1750年前后大约九百年的时间里，大部分金字塔位于尼罗河西岸，这是因为在古代埃及人看来，太阳西下的地方会有来世。在众多金字塔中，最著名的就是离首都开罗不远的吉萨金字塔（建于公元前2550年前后）。三座金字塔并排屹立，尤为壮观，其中规模最大的一座是胡夫法老的坟墓，又称大金字塔。这座大金字塔高146米，底边长230米。修建这座金字塔的石料采自吉萨附近的石灰岩，厚1米，宽2米。石头长短各异，重量约为每块2.5吨。墓室内使用的花岗岩则是从远在1 000千米外

103

的阿斯旺运来的。在大金字塔附近，就是那座世界闻名的狮身人面像。

从法老胡夫的大金字塔北侧正面的顶部往下看，可看到供游客进出的出入口。那就是当年阿尔玛蒙打开的爆破坑。当时，由于石材阻挡，人们还不清楚入口的方位，盗墓者就用炸药爆破打开金字塔。走进阿尔玛蒙打开的隧道，不用走多久就和原有的通道合并在一起。再往前走，眼前就会出现一条向上的通道，那里有三块重约五吨的花岗岩立在路中央，阿尔玛蒙一行人只好独辟蹊径继续前进了。"上升通道"通向"大长廊"。如果朝着"水平通道"走，就可以走进被称为"王后室"的屋顶呈"人"字形的房间。早稻田大学的学者通过先进仪器勘查，发现"水平通道"的西墙内可能还有新的通道，"大长廊"通道两侧平均每隔几步就有一个用途不明的洞。这些谜一样的洞着实令人费解并充满好奇。

"大长廊"一直通向"休息室"，那里有个落石装置，打开这个装置，就能看到"王室"。"王室"上方则有被称为"减重室"的五层房屋。在会合处还能看到一条几乎与"上升通道"呈同样坡度的"下降通道"。大约走过九十七米的路程之后，通道会直通地下室。这个房间看起来好像还没有完工，它位于地下 30 米处，大概位置在金字塔顶端的正下方。大金字塔内房间之谜尚未完全解开，也许还有未知的空间至今没有被人们发现。

王室的墓地所在地名叫撒卡拉。自古以来，人们在那里修建了不少名叫"马斯塔巴"的长方形平顶斜坡坟墓。古王国时代第三王朝初期的杰塞尔王命宰相伊姆赫蒂布负责为法老修建墓穴。据说，伊姆赫蒂布既是一位才能卓著的宰相，而且在医术、建筑设计等方面也有很深的造诣，可以称得上是一位学识渊博的学者。他后来几乎成为人们心目中的神。伊姆赫蒂布先修建了一个很大的"马斯塔巴"坟。更令人感到有趣的是，他不像前人那样采用干土坯作为建筑材料，而是用石灰岩代替土坯，将"马斯塔巴"垒成 4 层，最后又垒成 6 层，成为

非洲

一座底部长140米、宽128米、高60米的巨大石造建筑物。这座阶梯式金字塔的周围并非空旷一片,它外面有宽277米、长545米的围墙。围墙内的场地还错落地修建了前祭殿、后祭殿和院落等,可以称得上是一个"金字塔综合体",人们可以在那里举行各种相关的仪式。

太阳船博物馆位于大金字塔南侧。那里有1954年5月考古厅的玛尔·玛拉赫发现的最古老的大木船。在对大木船进行除沙的过程中,他无意中发现一个用石灰岩盖着的长31米、深3.5米的凹坑,里面有很多拆散了的船的构件。虽然历经了长达13年的岁月,但是修复以后还可看出来它是一艘全长43米的大船,上面有法老胡夫的继承者杰多弗拉的名字。因此人们认为这艘船是杰多弗拉为其先王胡夫特意葬在地下的。在古埃及,人们深信国王死后会变成太阳神,灵魂可以乘船进入宇宙。因为太阳船分昼用和夜用两种,所以应还有一艘太阳船。1987年2月,早稻田大学考察队利用高科技手段进行调查,确认在原凹坑的西侧还有一个凹坑,那应该是第二艘太阳船的所在地。同年10月,美国的一个考察队把纤维式观测器插入坑内,进一步证明了船的存在。1992年,早稻田大学考察队成功地完成了对坑内情况的摄影和各种构造零件的木片样本采集。经过对木片的分析发现,第一艘太阳船用的是黎巴嫩产的杉木,第二艘太阳船也使用了基本相同的木材。在发现第一艘太阳船之后的40年间,由于坑内进了水,导致灰泥剥落,使得构件未能得到妥善的保存,这些遗址有待今后尽快进行修复。

就狮身人面像的建成年代人们众说纷纭。早在21世纪初期,埃及考古学家们就已经开始争论。建造狮身人面像的地基是挖掘地面来完成的,挖出的土在周围形成坡面,坡面上有大量的纵沟。在这座狮身人面像的表面,还有许多很深的沟壑,它们都是横行排列的,一层层密布在狮身人面像的表面,使得这座古老的石雕看起来历史更加悠久并充满神秘的气息。人们通常认为,这种奇特现象,是因为古埃及地区干燥的气候与强烈的沙漠风暴使狮身人面像受到了严重风化。一直以来,不管是正统的古埃及学研究者,亦或是到此来实地考察的各类专家,都坚信这一观点。而且没有人对修建这一石像的真实目的提出过疑问。尤其让人惊讶的是,关于为什么会采用人头、狮身、牛尾、鹫翅这种古怪的组合方式,至今还无人能作出相对合理的解释。哈尔夫教授不是一个古埃及学家,对考古学也是个外行。但狮身人面

105

像表面紧密留存的沟壑倒引起了他浓厚的兴趣。哈尔夫教授长时间地观察这些沟壑，最后以肯定的语气说：“这些沟壑是因雨水冲刷而形成的！”为了证实自己的猜测，哈尔夫教授决定亲自考察。他带了几名助手很快飞往狮身人面像所在地：埃及最著名的观光区吉萨。通过大量细致而严谨的考察和样品分析，哈尔夫教授最后肯定了自己的判断，许多研究者对此提出异议。但是，究竟是什么时候出于什么目的建造的狮身人面像，到现在还没有结论。

狮身人面像的地基与哈夫拉王"河岸神殿"的地基存在很大不同，它们所用的石材产地也不同，哈夫拉王的参道有意避开狮身人面像，根据这点我们能够推测，狮身人面像是在哈夫拉王时代以前修建的。有可能是在第三王朝时代，这里原来可能是宗教城市"赫里奥波利斯"太阳神的一个礼拜场所，狮身人面像就是在他的领地内建造的。

从金字塔到狮身人面像，从法老的墓地到雅典娜神殿……我们能够发现，在古埃及每一处遗址：墓地、石碑、雕塑、器皿、装饰、绘画……总是能够找到一种被称为"斯芬克斯"的古怪图案，它们一致都呈现为人兽合体，虽然在表达方式上可能略有不同，但是它们都是由人、狮、牛、鹫共同组成的。或者我们能够将其称为"斯芬克斯现象"或"斯芬克斯文化"。这种现象或文化似乎有一种蔓延的趋势，从古至今皆是如此。在南美落基山，在日本人世代生存的日本岛，在世界屋脊藏传佛教的许多寺庙里，还有世界上许多地方，我们都能找到相似的人兽合体的形象。这些形象常常作为一种带有某种神力象征

富有神秘色彩的狮身人面像

的圣兽出现，它们可以拯救人类于水火之中，可以医治或者复活人类中的英雄，甚至能够直接降临人间，来拯救正一步步走向衰落的人类社会……也许，我们从这里能够得出这样的推论：这种斯芬克斯应该是人类共有的记忆，也就是说，万物同源，我们人类很久以前也拥有过对另一种精神的集体追求。

科学家们的研究表明，金字塔的形状，使它贮存着一种古怪的"能"，这种"能"可以使尸体很快脱水，并且很快就会"木乃伊化"，然后变成"木乃伊"的尸体，等待有朝一日"复活"。如果把一枚满是锈迹的金币放进金字塔，很快金币就会变得金光闪闪；若是把一杯鲜奶放进金字塔，24小时后取出，味道还会很鲜美；假设你头痛、牙痛，到金字塔去吧，一小时后，便会疼痛全消，轻松如常；如果你神经衰弱，劳累难受，也可以考虑去一趟金字塔，不久，你就会精神焕发，充满活力。

关于金字塔魔力的发现，要上溯到20世纪初。鼓吹超自然科学的法国人安东尼·博维在1930年来到埃及，当他参观完吉萨金字塔群落后，他认为大金字塔的形状非同一般，因此又为金字塔神秘论添加了新的内容。博维喜欢对"感觉辐射"的造型进行研究。这种理论的基本概念就是说物体能够辐射出某种能量，这种能量现在还不能被现代物理学所解释。当博维进入金字塔的"国王墓室"时，无意中看到一个类似于垃圾箱的罐子里竟然有猫和老鼠的尸体。当时他以为这些动物可能是在金字塔内迷路，因无法走出而死掉的。但是，他立刻又注意到另外一些奇怪的事，虽然墓室中很潮湿，可是尸体并未腐烂，这样看来，这些动物是否和木乃伊一样是干透了呢？也许墓室中真的具有能够使物质脱水的力量。

博维觉得这种现象应该和大金字塔的几何学图形有关，因此他回国后就马上用硬纸板做了一个底边为0.9米的大金字塔的模型，而且把其中4个方位配合东西南北4个方向，然后把猫的尸体放在与墓室相同，距底部1/3高度的地方。几天之后他发现，猫的尸体果然变成了木乃伊。后来，他又用肉片及蛋等做同样的实验，最后得到的结论是，不管放入什么都不会腐烂。最后他发表了有关他对金字塔魔力的研究论文。

原捷克斯洛伐克的一名无线电技师，放射学专家卡尔·德鲍尔通过反复试验，研究模型内到底存在什么能量。有一次，他将一把刮胡

子用的刀片放在模型内，本来认为它将变钝，可是结果大大出乎他的意料，刀片变得非常锋利，他还用这把刀片刮了 50 次胡子。于是，他又开始探讨金字塔模型对刀片的影响。他制作了一个 15 厘米高的模型，把刀片平放在模型内距底部 1/3 高的地方，刀片的两端对准南北方向，模型本身也按南北方向放置。通过几次试验，结果都大同小异。一种非常简单却又很神奇的磨刀片器——仿胡夫金字塔模型就这样诞生了。1949 年，德鲍尔正式向捷克首都布拉格的相关部门申请注册"法老磨刀片器"的发明权。

由此，德鲍尔得出一个结论，即来自太阳的宇宙微波，能够通过聚集于塔内的地球磁场，活跃模型内的震荡波，从而令刀片"脱水"变锋利。这种特性不只是在胡夫金字塔模型中，在其他形状和大小的金字塔模型中的刀片也发生了同样的变化。他在申请专利权的报告中说，磨刀片器与胡夫法老本人根本没有关系。金字塔状的结构物内部的空间发生了一种自动的更新运动。金字塔空间产生的能量只来自宇宙和地球的引力、电场、磁场和电磁场，它利用太阳发射的混合光线中肉眼看不见的射线起作用。在金字塔内部产生的这种奇异力量，能让因为经常刮胡子而使刀口内部结构变钝的现象得到改善，然而，这股力量的作用范围只局限在使刀口变得锋利起来，而不是刀口的外形扭曲。所以，这种刀片必须是用上等钢材制成。

最近，科学家约瑟·大卫·杜维斯提出了他的见解：金字塔上的巨石是人造的。大卫·杜维斯通过显微镜和化学分析的方法，反复研究了巨石的构造。根据化验结果他总结得出这样的结论：金字塔上的石头是用石灰与贝壳经过人工浇筑混凝而成的，制造方法就像今天人

们浇灌混凝土一样。因为这种混合物凝固得相当好，一般的人无法分辨出它和天然石头的差别。还有一些科学家认为，考虑到现代考古研究已经证实人类早在数千年前就了解怎样制作混凝土，所以大卫·杜维斯的观点还是可以让人信服的。但少数学者对这一点还是提出了质疑，他们认为：在开罗附近有许多花岗岩山丘，古埃及人为什么会置之不用而选择通过一种复杂的操作方法来制造那数量惊人的石头呢？看来，金字塔之谜还是不能完全被"破译"，还需要人们进一步去研究、探索。而且，还有很多数据也让人们百思不得其解：埃及胡夫大金字塔的塔高乘上10亿所得的数，恰好等于地球与太阳之间的距离；穿过大金字塔的子午线把地球上的陆地、海洋分成恰好相等的两半；用2倍的塔高除以塔底面积就恰好是圆周率。这些不可能都是巧合。所以，金字塔的秘密还需要人们进一步探索和发现。

评价

这处非凡的墓葬群遗址坐落在古埃及王国首都的周围，包括岩石墓、石雕墓、庙宇和金字塔。

这处遗址被认为是古代世界七大奇迹之一。

——世界遗产评定委员会

百科图鉴
拉利贝拉石凿教堂

拉利贝拉的石凿教堂是在形成拉斯塔高原的大片红色火山石灰岩上开凿而成的，是12世纪和13世纪基督教文明在埃塞俄比亚繁荣发展的典型代表。

遴选标准

1978年根据文化遗产遴选标准C（Ⅰ）（Ⅱ）（Ⅲ）被列入《世界遗产名录》。

介绍

基督教在公元330年前后传入埃塞俄比亚的阿克苏姆王国。公元5世纪末，来自安蒂奥克的基督教僧侣开始努力传播基督教，但埃塞俄比亚的基督徒却虔诚信奉科普特教。

在公元9世纪，阿克苏姆王国在伊斯兰和贝贾人入侵的压力下解体。等到拜占庭帝国逐渐衰落以后，信仰基督教的埃塞俄比亚越来越受到孤立。继阿克苏姆王国瓦解后发生了起义，还有政治与宗教中心的南移。到12世纪扎格王朝出现，这个王朝进一步加强了与科普特教会的联系，并开始鼓励传教活动。

扎格维王朝的新首都坐落在拉斯塔地区一座山的旁边，它现在是位于2 600米处的一个小镇，是拉利贝拉的隐修中

心，它是用在那里开凿教堂的扎格国王的名字来命名的，其含义是将它建成一个新"圣城"。

拉利贝拉有11个中世纪的教堂和小教堂，它们在一条几乎干涸了的溪流两边分为两个完全不同的群体，几乎没有高出地平面的。其中有4个是在整块石头上开凿的，其他的都要小得多，或者用半块石头凿成，或者开凿在地下，用雕刻在岩石上的立面向信徒表明它的位置。每个群体都是一个由某种围墙环绕起来的有机整体，游客在里面可沿着在石灰岩上开凿的小路和隧道网到处漫游。

独石教堂耸立在7米~12米深的井状通道的中央，是在岩石上直接雕刻出来的。雕刻从顶部（穹顶、天花板、拱门和上层窗户）开始，一直蔓延到底部（地板、门和基石）。为了使这一地区夏季的滂沱大雨能通畅地排掉，人们用这种方法创造出了呈缓慢倾斜状的平面。建筑物的凸出部分，像屋顶、檐沟、飞檐、过梁和窗台的凸出程度都是由雨水的来向而定。

拉利贝拉的教堂中最引人注目的应该是耶稣基督教堂，它长33米，宽23米，高11米，由34根方柱支撑着精雕细刻的飞檐。这是埃塞俄比亚唯一一个有5个中殿的教堂，而且16世纪葡萄牙使馆派到所罗门宫廷的神父弗朗西斯科·阿尔瓦雷斯教父曾说，以前的阿克苏姆大教堂也有5个中殿。

圣玛丽亚教堂墙上的窗户是阿克苏姆风格，里面有3个中殿，它最独特之处就在于它们从上到下都雕刻着代表几何图案（卍字饰、星形和圆花饰）和动物（鸽子、凤凰、孔雀、瘤牛、大象和骆驼）的装

饰性绘画以及根据福音书表现耶稣和玛丽亚生活场景的壁画，只是大部分都已经损坏了。有些专家认为这些壁画的年代应该上溯到扎拉·雅各布国王（1434年—1465年）统治时期。主门之上雕刻着一个表现两个骑手杀死一条龙的浅浮雕，因为埃塞俄比亚的圣所中能有动画雕刻是很罕见的（实际上，中东地区的基督教文化都是这样），因此这幅雕塑属珍品之列。

圣迈克尔、各各他教堂和三位一体教堂组成一个教堂群，而在这当中最大的教堂圣迈克尔教堂由十字形支柱均匀地分为3个中殿。供奉着耶稣受难像的各各他教堂的独特之处在它的两个中殿的墙壁上雕刻着7个真人大小的系列牧师像。除了这些，它的壁龛中还有一个基督墓。

经过各各他教堂才能到达供奉圣子、圣父、圣灵的小教堂。它的布局规划呈不规则四边形，里面设3个独石圣坛。圣坛组成一个半圆，而且用十字架来装饰，中央有一个洞，做弥撒时，牧师用它放置"托博特"（埃塞俄比亚礼拜仪式用语，吉兹语中的"约柜"）。教堂地下室的后面，还有两个双手合十进行祈祷的神秘人物站立在一个空壁龛的两面，壁龛的上面是一个圆圈围绕着的十字架，可能代表着三位一体。

墨丘利教堂和天使长加百列与拉斐尔教堂为地下教堂，刚开始建造时并不是用于宗教目的，是后来才被圣化的。它们以前可能是王室住宅。其向前不远处，便是利巴诺斯教堂，它不但有独石教堂的特点，还有地下教堂的特色。它的四边被一个围绕在四周而内部挖空的高高的长廊和山隔开，而它顶部是与高处的岩石块连接在一起的。埃马努埃尔教堂具备阿克苏姆古典风格的全部特点。

圣乔治教堂位于一个接近方形的竖井状通道的底部，同其他教堂

是分开的，形状很像希腊十字架。它的地基很高，里面既没有绘画，也没有雕塑，究其原因就在于这些东西会使人们把对其和谐而简单的线条的注意力转移到他处。天花板上，十字架的每个臂都和一个半圆拱相交，而这些半圆拱是通过矗立在中央空间的四个角的壁柱装饰出来的。尽管这个建筑的低层窗户属阿克苏姆风格，但高层窗户上却有着与各各他教堂相似的带花饰的尖拱。

各各他教堂的基督墓、十字架教堂、圣餐面包教堂、亚当墓还有天使长加百列与拉斐尔教堂共同被当地人叫作"彼拉多的普列托里姆"的平台，所有这些遗址都集中在一个地点，说明拉利贝拉有想要再现圣城耶路撒冷的意向。

评价

13世纪拉利贝拉的11座窑洞教堂位于埃塞俄比亚中心地带的山区。这些教堂在一个由环形住宅围绕成的传统村落附近，用11块中世纪的整块石料敲凿而成，风格独特。

——世界遗产评定委员会

拉穆古镇

百科图鉴

作为肯尼亚最古老的居住城镇，拉穆古镇有着多彩而绚丽的历史。这个古镇是从索马里到莫桑比克这些斯瓦西里最原始的殖民地中的一个。

遴选标准

2001年根据文化遗产遴选标准C（Ⅱ）（Ⅳ）（Ⅵ）被列入《世界遗产名录》。

介绍

东非海岸的昌盛和衰落，以及班图、阿拉伯、波斯、印第安和欧洲之间的彼此作用体现出这个地区历史上文化与经济的发展，而拉穆古镇是其最突出的代表。

拉穆古镇表面看上去像是一个并没有发展进步的地方，虽然经过了几百年的时间，但它的地理外貌和特征变化却不大。男人们一直都穿着长袍，女人像其他穆斯林一样用黑布把自己包裹得严严实实。在20世纪70年代初期，拉穆古镇凭借它的异国情调、偏僻和沉默安静而名扬世界。它已经成为嬉皮士和其他非英国教徒的精神中心，他们被它与世隔绝的传统文化所吸引。许多人觉得拉穆古镇的声名远播和旅游业的发达最终会破坏这个斯瓦西里殖民地独具特色的价值体系和文明。但是还有些人认为，失去了旅游业，拉穆古镇就会受到损失而变得萧条。

拉穆古镇拥有众多值得研究的地方。拉穆古镇的建筑和城市结构形象地显示出来自欧洲、阿拉伯半岛和印度这些地区几百年来的文化影响，使用了传统的斯瓦西里技术创造出一种独具特色的文化。它的房屋和许多其他建筑物都非常独特。很大一部分建筑物都能够追溯到 18 世纪或更早，建筑材料取自当地，包括筑墙用的珊瑚石，支撑木门用的红树林柱子，还有雕刻精巧的百叶窗。这里的村落、拉穆堡垒、斯瓦西里住宅博物馆和驴子避难所都很有参观的价值。

　　拉穆古镇建立的时间至少是在 14 世纪，也可能更早。经过几百年的时间，在肯尼亚于 20 世纪 60 年代获得独立以前，这个岛和它周围的群岛由葡萄牙人手中换到阿曼人手中，最后被英国人统治。在 19 世纪阿曼统治时期，这个岛处于昌盛时期，由于盛产象牙、红树林木材以及作为中东的奴隶聚集地而成为贸易中心。众多人口使这个岛成为东非海岸的斯瓦西里和阿拉伯艺术中心，也是神圣的文化中心。

　　现在的拉穆古镇虽小——从这头走到另一头只需要 40 分钟。然而，繁华时期的痕迹依然很明显。虽然古镇常常遭到破坏，但是许多 19 世纪的大官邸依然存留着；将房屋变得典雅的新雕刻门、复杂的珊瑚制品还有硬木家具在这个岛上还是能找到的。很长时期以来，拉穆古镇的商人们漂洋过海到达波斯湾甚至远至葡萄牙，他们不仅带回了异乡的商品，还带回了异域的文化。这种异域文化又与本土文化逐步融合，最后终于形成了现在拉穆古镇当地班图人独特的语言和生活方式。来源于波斯湾的铜制造型大门，还有独特的古老珊瑚建筑都是拉穆文化的骄傲。

评价

　　拉穆古镇是东非最古老、保存最完整的殖民地风情地域。这个镇用珊瑚石和红树林木材为建材的建筑物居多，以简朴的结构为主要特色。从 19 世纪开始。主要的穆斯林宗教节日活动都在这里举行，这里已成为伊斯兰和斯瓦西里文化的重要研究中心。

——世界遗产评定委员会

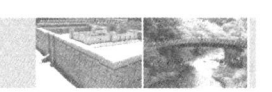

百科图鉴

肯尼亚山国家公园自然森林

肯尼亚山国家公园坐落在内罗毕东北193千米处，横跨赤道，距肯尼亚海岸480千米。海拔1 600米~5 199米，总面积为420平方千米，包括：肯尼亚山国家公园和肯尼亚山自然森林。

遴选标准

1997年根据自然遗产遴选标准N（Ⅱ）（Ⅲ）被列入《世界遗产名录》。

介绍

肯尼亚山于1949年建立国家公园。1978年4月成为联合国教科文组织人与生物圈规划的一个生态保护区，从此便得到国际公认。它在成立国家公园前就已是森林保护区了。

肯尼亚山是间歇性火山喷发形成的。整个山脉被向外伸展开去的沟谷深深切开。沟谷基本上多数是冰川侵蚀造成的，大约96千米宽。大概有20个冰斗湖，大小不一，带有各种冰碛特征。分布在海拔3 750米—4 800米的地区，最高峰为5 199米。

肯尼亚山有两个湿润季节。3月~6月是较长的湿润季节。12月~2月是短暂的干燥季节。从北到东南斜坡降雨量

非洲

范围由 900 毫米一直增大到 2 300 毫米。在海拔 2 800 米~3 800 米的地方常年有一条降雨云带。海拔 4 500 米以上的大部分降水为降雪。雨季峰顶常常覆盖着白雪，在冰川上形成一米多的积雪层。年平均气温基本上是 2℃ 左右，3 月~4 月最低，7 月~8 月最高。白天气温温差很大，1 月~2 月约为 20℃，7 月~8 月为 12℃。空气流动非常强烈，从夜晚到清晨，风不断地从山上吹下来。从早晨到下午空气反方向上升。早晨峰顶狂风大作，太阳升起后风速才会逐渐减小。

植被种类是随海拔和降雨量的变化而变化的。高山和稍矮的山地花卉丰富。降雨量为 875 毫米~1 400 毫米的较干旱地区和海拔比较低的地方是非洲圆柏和罗汉松生长的地方。西南和东北较湿润地区（年降雨超过 2 200 毫米）内，生长的树林多数是柱子红树。大多数不在保护区内的低海拔地区都被用来种植麦子。东南斜坡海拔较高地区（2 500 米~3 000 米，年降雨量超过了 2 000 毫米），大多生长的是青篱竹。海拔 2 600 米~海拔 2 800 米是竹子和罗汉松混生区。再向山的西面和北面伸展开去，竹子就会逐渐稀少而失去其优势地位。海拔 2 000 米~3 500 米，年降水量 2400 毫米的地区，是哈根属乔木生长最多的地方。海拔 3 000 米以上，由于气温低，树高也开始降低，金丝桃属树木占据优势。因为下层树木比较发达，所以树冠张开程度更大。绿草如茵的林间空地在山脊上能够经常见到。较低的高山或沼泽地区（3 400 米~3 800 米）的特点是降水多、腐殖质土层厚、地形变化比较小，植物种类不那么丰富，只有禾本植物、羊茅及苔草类比较常见。丘陵草丛里生长着斗篷草、老鹳草。较高的高山区（3 800 米~4 500 米）地形变化很大，花卉种类繁多，有巨大的莲叶植物，还有半边莲、千里光、飞廉属植物。在土壤排水良好的地方，还有溪流旁边及河岸处，生长着种类繁多的禾本植物。虽然 5 000 米以上的地区仍然能够看到维管植物，但从大约四千五百米高度起，连绵的植被就没有了。

较低的森林和竹林区的哺乳动物有大林猪、岩狸、非洲象、黑犀牛、岛羚、黑胸麂羚还有猎豹（高山区也可见到）。沼泽地的哺乳动物有肯尼亚山特有的岩狸、麂羚，甚至还有人看到金猫。在整个北部斜坡和深达4 000米的峡谷中还生活着本地特有的瞎鼠。森林鸟类有鹰雕和长耳猫头鹰。

肯尼亚山为非洲第二高峰，是700万人赖以生存的重要水源地，森林地区生活着许多濒危动物。终年积雪的山峰是东非景色最秀丽的地方之一。这种非洲高山生态系统拥有许多特有物种，成为肯尼亚的主要自然旅游景点，被当地部落视为圣山。

评价

肯尼亚山海拔5 199米，是非洲的第二高峰。它是古代的一座死火山，它在活动期（距今310万—260万年）高度有可能达到6 500米。陡峭的冰川和森林覆盖的斜坡让肯尼亚山成了东非最引人注目的地方。在这里，非洲高山地区植物的演化为生态进程的发展提供了突出的样例。

——世界遗产评定委员会

犀牛是最大的奇蹄目动物，也是仅次于大象体形的陆地动物

百科图鉴
乞力马扎罗国家公园

乞力马扎罗山是非洲最高的山脉，因变化多端、险象环生而成为游客探险猎奇的好去处。

遴选标准

1987年根据文化遗产遴选标准 N（Ⅲ）被列入《世界遗产名录》。

介绍

诗人们写诗来歌颂它，喜欢体育的探险者以登上它的顶峰为荣，尤其是当地人民，对它更是顶礼膜拜。一直到现在，它仍然有着很大的魅力，乞力马扎罗山久负盛名的美景让每一位攀过此山的人都对它称赞不已。

乞力马扎罗山面积大约756平方千米，位于坦桑尼亚东北部，毗邻肯尼亚，在赤道与南纬3°之间，距离赤道仅三百多千米，乞力马扎罗山高出非洲平原地区5 895米，这让它成为世界上最高的山峰之一。乞力马扎罗山被称为"非洲屋脊"，但多数地理学家都喜欢称它为"非洲之王"。

这位"非洲之王"是一座到现在还在活动的休眠火山，基博峰顶有一个直径2400米、深200米的火山口，火山口里面的四壁是晶莹剔透的重重冰层，火山底部矗立着高大的冰柱，冰雪覆盖，仿佛巨大的玉盆。高大的火山傲然挺立，却没有与之相伴的其他山脉。它山势高耸，但与世界上其他高峰相比，攀登起来并不算非常困难。身体健康的登山者能够在很短的时间内穿过五个完全不同的植物带到达它的主峰。

乞力马扎罗山共有两座主峰，其中一座叫基博，另一座叫马文济，两峰之间由一个十几千米长的马鞍形的山脊连接。遥遥远望，乞力马扎罗山是一座傲然独立的高山，在无垠的东非大草原上兀然耸立，直插云霄、气势恢宏。威武的蓝灰色的山和一片白雪皑皑的山顶一起雄伟地矗立在坦桑尼亚北部的半荒漠地区，仿佛一位豪迈英武的勇士护卫着非洲这块肥沃美丽的大陆。

1955年，伦盖火山爆发，向天空喷出火山灰和碳酸钠粉末。因为火山成分中钠含量高。但是含硅量却很少，所以显得与众不同。从远处看，伦盖火山也如肯尼亚山和乞力马扎罗山一样被冰雪覆盖，但从近处观察就会发现，那白色的物质根本不是雪，而是近期喷发出来的碳酸钠。

伦盖火山在坦桑尼亚境内被称为"锡克斯·格里德"大裂谷区，据说那里的地壳很薄。在斯瓦希里语中，乞力马扎罗山的含义是"闪闪发光的山"，这句话形象地描绘出这座高耸的火山及其雄伟的白雪皑皑的山顶特点，喻意恰如其分。它的高度达5 899米，是非洲最高的山脉，人们能够透过坦桑尼亚和肯尼亚的萨王纳，在几十千米以外看到它。它的轮廓异常分明：坡度和缓的斜坡与一条长长的、扁平的山顶相向，那是一个真正的巨型火山口——是个盆状的火山峰顶。在炎热的日子里，蓝色山脊和萨王纳二者无法分辨出来，而白雪皑皑的山顶好像在空中回绕旋转，它伸展到雪线以下缥缈的云雾中，就更加深了这种旋转的幻觉。

乞力马扎罗山占据长97千米、宽64千米的地域，这样大的山体甚至都能影响到其自身的气候（其他大山如阿拉斯加的麦金利山和喜马拉雅山的珠穆朗玛峰也有类似情况）。从印度洋吹来的饱含水汽的风，遇到乞力马扎罗山就会被迫抬高上升，以雨或雪的形式落下来。雨量增加就意味着和乞力马扎罗山周围半荒漠灌丛完全两样的植物能够在山上生长。山坡比较低缓的地方已被开垦种植咖啡和玉米等类的作物，但是热带雨林高度的上界是2 987米，再往上就是草地，到4 420米以上草地就被高山地

衣和苔藓所代替。

乞力马扎罗山的顶部是长年不化的冰川，这是非常奇怪的，因为这座山坐落在南纬3°处，但是最近有迹象表明这些冰川在后退。山顶的降水量一年仅200毫米，不能够和融化而损失的水量保持平衡。有些科学家提出火山正在经历又一次温度上升，这使融冰过程加速。但是还有一些科学家则认为，这只是全球温度升高的必然结果。

不管是什么原因引起了目前这样的结果，乞力马扎罗山的冰川如今的规模比上个世纪时小，这是不可否认的事实，而且有人预言假设这种情况继续下去的话，乞力马扎罗山的雪没到2200年就会完全消失。

乞力马扎罗山其实有三座火山，由一个复杂的喷发过程将它们连接在一起。最古老的火山是希拉火山，位于主山的西面。它以前非常高，但是在一次强烈的喷发之后就倒塌了，现在只留下高3810米的高原。比希拉火山稍微年轻一些的是马文济火山，它是一个奇异的山峰，位于最高峰的东坡部分。它虽看起来和乞力马扎罗峰相差无几，但它隆起的高度却有5334米。

三座火山中最年轻、最大的是基博火山，它是在多次喷发中形成的，被一个大约两千米宽的破火山口覆盖。在不断的喷发中，破火山口内形成了一个有火山口的次级火山锥，在之后的第三次喷发过程中，又形成了一个火山渣锥。因此基博巨大的破火山口构成的扁平山顶，成了这座优美的非洲山脉的显著特征。

在基博火山的山脚下种植着成片的咖啡和香蕉，接着往上就是森林了。每年762毫米的降水量给树木的生长提供了充足的水分，山上的蕨类植物甚至能够长到六米多高，一些落叶林往往可高达9米。海拔到二千七百多米以上，树林就会逐渐减少，这里的主要植物是草类和灌木，在这里，你常常会看到大象在草地上走来走去。到海拔三千九百多米的地方，恶劣的气候使得林木和草类无法生长，这里生长的主要植被是地衣和苔藓。过了这些生物带就是由三座冰山和三座火山组成的主峰，威武雄壮的山峰静默无声地俯视着约五千米以下的广袤平原。

　　登山的时候，减速慢行是必要的，山上高处稀薄的空气会让一些缺乏耐性而又太过高估自己实力的游客丧命。高山上的环境容易引发高原病症，所以登山时一定要有当地有经验的向导同行。登山共有6条难度各异的路径能够选择，每条路径边上都有一些可供住宿的小屋。最好的登山时间是午夜，这时融化的雪又重新冻结，如果能控制好速度，等到达峰顶的时候恰好能够看到神奇的日出。

评价

　　肯尼亚山海拔5 199米，是非洲的第二高峰。它是古代的一座死火山，它在活动期（距今310万—260万年）高度有可能达到6 500米。陡峭的冰川和森林覆盖的斜坡让肯尼亚山成了东非最引人注目的地方。在这里，非洲高山地区植物的演化为生态进程的发展提供了突出的样例。

——世界遗产评定委员会

世界遗产百科图鉴
SHIJIE YICHAN BAIKE TUJIAN

大洋洲

百科图鉴
大堡礁

大堡礁是世界上最大的珊瑚礁区，是世界七大自然景观之一，也是澳大利亚人最为骄傲的天然景观。

遴选标准

1981年根据文化遗产遴选标准 N（Ⅰ）（Ⅱ）（Ⅲ）（Ⅳ）被列入《世界遗产名录》。

介绍

大堡礁地处太平洋珊瑚海西部，北面从托雷斯海峡起，向南直到弗雷泽岛附近，沿澳大利亚东北海岸线延伸两千余千米，总面积达8万平方千米。北部排列呈链状，宽16千米~20千米；南部分布面宽达240千米。

大堡礁水域总数约有大小岛屿六百多个，其中以绿岛、丹客岛、磁石岛、海伦岛、哈米顿岛、琳德曼岛、蜥蜴岛、芬瑟岛等较为有名。这些各具特色的岛屿现都已开辟成了旅游区。

大堡礁包括三百五十多种绚丽多彩的珊瑚，造型姿态万千，堡礁大部分处在水里，低潮时才稍微露出礁顶。从上空俯瞰，礁岛仿佛许多碧色的翡翠，光芒闪烁，而隐约闪现的礁顶艳丽如花，盛开在碧波万顷的大海上。

在大堡礁群中，五光十色的珊瑚礁有红色的、粉色的、绿色的、紫色的、黄色的，异常美丽；其形态有鹿角形、灵芝形、荷叶形、海草形，构成一幅姿态万千的海底景观。在这里生活着大约一千五百种热带海洋生物，有海蜇、管虫、海绵、海胆、海葵、海龟，以及蝴蝶鱼、天使鱼、鹦鹉鱼等众多热带观赏鱼。

大洋洲

在1975年出台的大堡礁海洋公园法，提出了建立、控制、保护和发展海洋公园，面积包括大堡礁98.5%的区域范围，1981年整个区域被列入世界遗产名录中。

大堡礁属热带气候，主要受南半球气流影响，海藻是大堡礁形成的主要因素。这里不仅生活着土著人，还有白澳大利亚人散居在附近的岛屿，当地的旅游业十分发达，已经成为这里人们重要的经济来源。

一直以来，大堡礁，特别是它的北部区域，强烈影响着居住在西北岸的土著人和托雷斯岛屿居民的文化，海洋公园的建立不只是保护了当地文化，还与当地土著居民的生活息息相关。并且，这里还有艺术高超的石画艺术馆和三十多处著名的历史遗址，最早的能够上溯到1791年。因为大堡礁海域海底礁石林立，所以周围修建了大量的航标灯塔，有些已成为著名的历史遗址，还有一些经过加固到现在还发挥着作用。

评价

大堡礁地处澳大利亚东北岸，是一处长达2 000千米的地段，此处风景秀丽，但却险峻莫测，水流非常复杂，这里还生存着四百余种不同类型的珊瑚礁，其中就有世界上最大的珊瑚礁，鱼类1 500种，软体动物达四千余种，聚集的鸟类242种，有着优越的科学研究条件，这里又是某些濒危动物物种（如人鱼和巨型绿龟）的栖息地。

——世界遗产评定委员会

百科图鉴

卡卡杜国家公园

卡卡杜国家公园地处北部地区首府达尔文市东部 220 千米的地方。这里以前曾经是一个土著自治区，1979 年被划为国家公园。

遴选标准

1981 年根据文化遗产遴选标准 C（Ⅰ）（Ⅵ）、N（Ⅱ）（Ⅲ）（Ⅳ）被列入《世界遗产名录》。

介绍

卡卡杜国家公园占地约两万平方千米，凭借苍翠葱郁的原始森林、大量稀有珍贵的野生动物、保存着 20 000 年前的山崖洞穴里的原始壁画而举世闻名，成为一处集现代人保存的文化遗产和新开发旅游资源为一体的游览区。

公园独特的地表形态是这里自然景观形成的重要原因，这里不但有古老的特征还有现代的活动地貌。这里最古老的岩石年龄超过 20 亿年。公园绝大部分的土地经历过严重的风化、淋滤。公园里有四种主要的土地类型。阿纳姆高原西缘是奇丽险要的悬崖峭壁、飞流直下的瀑布和诡秘幽深的洞穴。悬崖绝壁长有五百多千米，高度在 30 米~330 米。这是因为具有比较强的抗风

大洋洲

化能力的石英砂岩覆盖在抗风化能力较弱的岩石上，底下岩石由于侵蚀作用而变得疏松，上覆砂岩也因被破坏最终垮塌。因此形成了许多陡壁和洞穴，这些岩石上和洞穴里有许多当地土著居民绘制的岩画。这种错综复杂的岩石垮塌生成了众多的小生态环境，所以高原生物群的生态类型复杂多样，包括许多与众不同的物种组合，其中有一些是冰川时期的孑遗分子。悬崖地区的水生生态环境在旱季是淡水鱼类的重要避难所。高原上的大多数晚白垩纪岩石被冲刷掉后，就露出下面抗风化能力较强的层状石英砂岩，所以形成现在崎岖不平的地貌。高原的大部分地区少有土壤，地表是裸露的道路和砂岩露头。高原的顶部有土壤，有的地区土壤厚度高150厘米之多。但是在高原的峡谷中却有许多零星的土地散布，正是这些土地为雨林和古老的孑遗物种提供了生存空间。山丘和盆地多数在公园的南部，这些山丘形成了现代的侵蚀面。活动断层造成的构造三角面和构造斜面也分布在这些山坡上。这些构造面之间被一些距离不等的冲积扇所分割。

公园内植物类型多种多样，超过1 600种，这里是澳大利亚北部季风气候区植物多样性最高的地区。尤其特殊的是阿纳姆西部砂岩地带的植物种类更多，这里有许多地方性属种。最近研究认为，公园内大约有五十八种植物具有重要的保护价值。植被大致划分为13个门类，而又有7种桉树的独特属种占优势。这里还有澳大利亚特有的大叶樱、柠檬桉、南洋杉等树木，以及大片的棕榈林、松树林、橘红的

蝴蝶花树等等。

　　保护这里的动物群不论对于澳大利亚还是对于世界都具有极其重要的意义。这里的动物种类繁多，是澳大利亚北部地区的典型代表。公园中有 64 种本土生长的哺乳动物。比澳大利亚已知的全部陆生哺乳动物的 1/4 还多。澳大利亚 1/3 的鸟类在这里聚居繁衍生息，品种在 280 种以上。每当傍晚飞鸟归巢时，丛林中和水塘边，一些为澳洲特产的野狗、针鼹、野牛、鳄鱼等就从巢穴出来觅食，于是就出现一幅弱肉强食的自然进化图。

　　公园内的许多洞穴里有大量不同风格的绘画艺术。在阿纳姆高原地带这种洞穴最多，有些年龄已达 18 000 年之久。古代文物、一千多个考古遗址、土著居民的文化和大约七千多个艺术遗址使这里远近闻名。通过遗址发掘，还找到了澳大利亚人类最早生活的证据，为澳大利亚的考古学、艺术史学和人类史学提供了珍贵的研究资料。

评价

　　卡卡杜国家公园位于澳大利亚领土的北部，是考古学和人种学唯一保存完好的地方，而且连续有物种栖居长达四万多年。山洞内的壁画、石雕和考古遗址体现了那个地区从史前的狩猎者和原始部落一直到仍居住在那里的土著居民的技能和生活方式。这是一个很有代表性的生态平衡的例子，其中还有那些潮汐浅滩、漫滩、低洼地和高原。给大量的珍稀动植物提供了优越的生存条件。

　　　　　　　　　　　　　　　　　　——世界遗产评定委员会

大洋洲

百科图鉴
西澳大利亚鲨鱼岛

鲨鱼岛地区的海湾、水港和小岛构成了一个庞大的水生生物世界，其中海龟、鲸鱼、对虾、扇贝、海蛇、鱼类和鲨鱼在这个地区都是比较常见的水生生物。

遴选标准

1991年根据文化遗产遴选标准 N（Ⅰ）（Ⅱ）（Ⅲ）（Ⅳ）被列入《世界遗产名录》。

介绍

在鲨鱼岛上，一些地区由珊瑚礁、海绵和其他无脊椎动物，还有热带和亚热带鱼类组成了一个相当独特的生态群落。平坦开阔的海滩上生活着各种各样的掘穴类软体动物、寄居蟹和许多无脊椎动物。然而在鲨鱼岛这个生态系统中最为基础的支撑还是"海草牧场"。

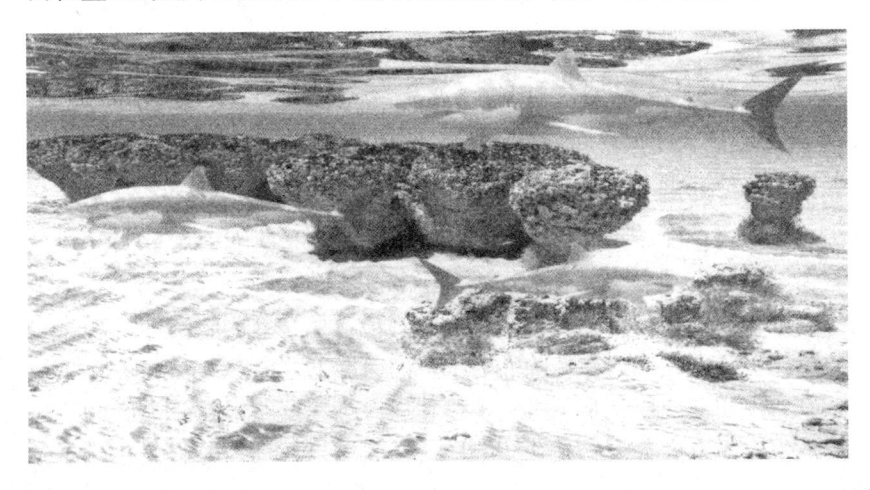

鲨鱼岛囊括了面积最大和种属分异度最高的海草平原，在另外的地区，基本上一到两种海草分布在相当大的地理区域内，比如，在北美洲和欧洲相当多的地区只有一种海草。可是在鲨鱼岛地区却有12种之多，在海湾的一些地方，1平方米内很容易就能够鉴定出9种海草。鲨鱼湾内有很多浅水地区，这些地区都是跳水和潜水活动的良好场所。古德龙残骸被西澳大利亚海运博物馆评估为最佳残骸之一。濑鱼、叉尾霸鹟还有众多的蝴蝶鱼、许多种类的热带鱼、色彩艳丽的天使鱼、儒艮和海龟等在海湾中繁衍生息。生活在澳大利亚的海龟大部分是食肉龟，一年四季在海湾中都能够看到独自出现的海龟，但规模巨大的海龟聚集从7月底就开始了，虽然海龟的繁殖季节一般是在此之后。传统上，海龟和儒艮是这里土著居民餐桌上的美味，而在鲨鱼湾地区这两种动物从未受到它处在世界其他地区那样的生存压力。在海洋公园中，宽吻海豚这种野生动物会经常来到海岸边和人们接触，而且接受人们投喂给它们的鱼。

宽阔的珊瑚丛是水下观赏的又一景观。珊瑚礁块的直径大约有五百米，在里面充满了众多海洋生物，大量五彩缤纷的珊瑚让人目不暇接，蓝色、紫色、绿色、棕色等等，真是让人眼花缭乱。在这个地区生活的浅紫色的海绵非常出名。在其中一处海域，有一个美丽的蓝色石松珊瑚的生长群落，这里犹如一个五光十色的展览厅。此外，头珊瑚和平板珊瑚比比皆是。由于潮汐和其他自然条件的限制，对当地不熟悉的人只能在当地有经验的潜水员的引导下才能潜水。

这里交通便捷，乘飞机、坐船和经由高速公路都能够快速地到达此地。这里的服务设施也很齐全，餐饮娱乐以及购物等服务性行业在这里非常繁荣。但如果你想潜水的话，则必须自带潜水设备和压缩空气瓶，这里不提供相关的租借服务。在这里你可以划船、跳水、潜水、欣赏海洋生物、钓鱼（当然在保护区范围以外）、风帆冲浪和游泳等。

评价

鲨鱼岛位于澳大利亚西海岸尽头，被海岛和陆地包围，以其中的三个无可比拟的风景名胜而著称于世。它拥有世界上最大的（占地4 800平方千米）和最齐全的海洋植物标本。并拥有世界上数量最多的儒艮（海牛）和叠层石（与海藻同类，沿着土石堆生长，是世界上最古老的生存形式之一）。在鲨鱼岛，人们保护着五种濒危哺乳动物免于灭绝。

——世界遗产评定委员会

百科图鉴
汤加里罗国家公园

汤加里罗国家公园地处新西兰北岛中央的罗托鲁瓦—陶波地热区南端，占地面积约四千平方千米，是新西兰最大的国家公园。

遴选标准

1990年根据文化遗产遴选标准C（Ⅵ）、N（Ⅱ）（Ⅲ）被列入《世界遗产名录》。

介绍

汤加里罗国家公园是一个有独特魅力的火山公园，公园里有15个火山口，其中就有三个著名的活火山：汤加里罗、恩奥鲁霍艾、鲁阿佩胡火山。这里高大险峻的群山与火山活动的奇景，吸引了世界各地的游客。恩奥鲁霍艾火山口海拔约两千三百米，烟雾缭绕，常年不息。鲁阿佩胡山海拔约两千八百米，是北岛的最高点，公园内还设有架空滑车，能够接近山顶。从山顶远眺，能够看见方圆百里内的秀丽景色。汤加里罗火山海拔约一千九百八十米，峰顶宽广，由北口、南口、中口、西口、红口等一系列火山口组成。这里以前属于毛利族部落管辖，毛利人将汤加里罗火山视为圣地。据说，"阿拉瓦"号独木舟首领恩加图鲁伊兰吉曾率领毛利人移居到这里，在攀登顶峰时，遇到风暴，生命危在旦夕，于是他向神求救，神把滚滚热流送到山顶，让他复苏，热流经过之地就成了热田，这股风暴名叫汤加里罗，这座山也就由此得名。1887年毛利人为了维护山区的神圣，阻止欧洲人把山区分片出售，就把这三座火山当成中心，以大约1.6千米为半径的地区献给国家，作为国家公园。1894年新西兰政府把这三座火山包括

大洋洲

周围地区正式辟为公园，正式定名汤加里罗国家公园。

汤加里罗国家公园里是一片火山园林风光，火山灰铺成的银灰色大道曲折地延伸在山间，峰顶积雪覆盖，壮观极了。郁郁葱葱的天然森林环抱着重叠险峻的群山和花红草绿的草原，那荡漾着微波的湖泊，仿佛是中国的杭州西湖，湖中有岛，岛中有湖，再加上人工装饰，更为秀丽多姿。但是，中国西湖是一个平地上典型的残迹湖，而汤加里罗国家公园的湖泊却是云雾缭绕的高山火山口湖。

汤加里罗公园有15个火山口，火山活动的景观奇丽多姿、样式各异，游人每到一处，都会有眼前一亮之感。远眺沸泉，只见热气蒸腾，烟雾环绕。走近时，可见沸流翻涌，呼呼作响，在灿烂的阳光下水柱闪烁着奇光异彩，令游人有置身仙境之感。冬天，游人还能够跳入热泉天然游泳池中畅游，热泉给人一种温暖、惬意的舒适之感。

汤加里罗国家公园里，地上喷气孔密布，游人能用几根木条，来架成"地热蒸笼"，开始野餐，生马铃薯或者生牛羊肉，都能够蒸熟。公园内为游客服务的旅馆、商店，都是利用当地的地热资源，打一口几十米的深井，能采出约100℃的蒸汽，用来取暖和其他生活用热。

汤加里罗国家公园里，还有新西兰特有的国鸟——几维鸟。它是新西兰的象征，国徽和钱币都采用它为标记。园内还种植着来自中国的猕猴桃，取名"几维果"，成为新西兰一种重要的出口商品。汤加里罗公园也是新西兰登山、滑雪和旅游胜地。

评价

根据文化风景修改标准，汤加里罗在1993年成为第一个被列入《世界遗产名录》的地方。公园中心的群山对毛利人有文化和宗教意义，象征着毛利人的社会与外界环境的精神联系。公园里有活火山、死活山、不同层次的生态系统和不可替代的美丽风景。

——世界遗产评定委员会

百科图鉴
赫德岛和麦克唐纳群岛

赫德岛和麦克唐纳群岛坐落在澳大利亚南部海域,离南极洲有1 700千米,离佩思西南部的距离为4 100千米。作为唯一靠近南极火山的岛屿,他们"在地球深处开了一扇窗户",能够用来观察地貌的发展过程和冰河动态。

遴选标准

1997年根据文化遗产遴选标准N(I)(II)被列入《世界遗产名录》。

介绍

对赫德岛和麦克唐纳群岛的保护价值在于,由于没有受到外来动植物和人类对它的影响,它拥有地球上十分罕见的原始的岛屿生态系统。

赫德岛和麦克唐纳岛在1997年被联合国教科文组织作为自然遗产列入《世界遗产名录》。

赫德岛和麦克唐纳岛坐落在印度洋南部,距澳大利亚大陆西南部4 100千米,距南极大陆北端1 500千米,两岛间相距40千米,麦克唐纳岛坐落在赫德岛西部。两岛由石灰石和火山喷发物垒积而成。赫德岛的地形以山脉为主,还有小岛、礁石和岬,岛上4/5的土地为冻土;麦克唐纳岛由众多小岩石岛构成,岛上土壤稀少。两岛气候为寒带海洋性气候,伴有强劲的西风。两岛的景色优美,是一处没有遭到人为破坏的地区,展示了生物和地理的发展过程。

赫德岛包括岛屿、海边的礁石和浅洲,以及周围22千米的地区。

大洋洲

最高峰莫森峰，海拔2 745米，是一处半径约十千米的活火山。麦克唐纳岛也是火山喷发形成的。岛上气候寒冷而湿润，年温差在4℃左右，冬季一般在0℃左右浮动。赫德岛西端2月份可达14℃，东端4月份可达21℃，6月、8月、9月份是气温最低的时候，温度最低可达-9℃。西风非常强劲，8月份是狂风肆虐的季节，西部阿特拉斯湾骤风风速的最高纪录是16米每秒。这里每年都有降雪，冬春两季降雪量最大。年均降雨量达1 350毫米。

赫德岛和麦克唐纳岛是富有特色的南极小岛群，生长着原始的生物，虽品种很少，但数量巨大。岛上有火山、冰河和喀斯特地形，海岸线地貌显著。相对于另外的南极群岛，岛上生态系统基本未受到影响，赫德岛是洞穴类海鸟的天堂，比如海燕。这里海鸟与哺乳类动物生活得十分快乐。

赫德岛在1833年由来自英格兰的捕猎者彼得·凯姆普发现，但最终约翰·赫德上尉在1853年被公认为赫德岛的发现人，同时以他的名字来命名该岛。1855年—1880年海豹大猎捕期间，来自世界各地的捕捞船只在此进行了一年或更长时间的逗留。1874年—1947年，有些科学考察队会在岛上做1天~2天的短期停留，1955年澳大利亚的考察站建成以后，探险队会在此停留一年。在关闭该岛之前，澳大利亚当局进行了无数次科学考察，20世纪70年代中期该岛有过几次私人考察，1985年到岛屿的游艇也正式开通。1996年2月制订了对两岛的管理计划，不经许可任何人无权进入此岛，这个规定是为了避免对自然与环境造成污染。